Carmen Heritier

Bewusste Bodenarbeit für Hunde

Koordination, Kommunikation und Konzentration

Kynos

Konrad-Zuse-Straße 3, D-54552 Nerdlen / Daun
Telefon: 06592 957389-0
www.kynos-verlag.de

Grafik & Layout: Kynos Verlag

Gedruckt in Lettland

2. Auflage 2022
ISBN 978-3-95464-277-9

Bildnachweis: Alle Fotos: Susann Nordmann, außer: S. 7: Pierre Heritier
Alle Grafiken: Nicole Hilgers unter Verwendung von Grafiken von
Good Studio-stock.adobe.com

Inhaltsverzeichnis

Einführung

Die Bodenarbeit ist aus der Pferdeausbildung nicht mehr wegzudenken. Hier ist es selbstverständlich, dass man dem Pferd vom Boden aus Dinge wie Koordination, Konzentration und auch Kommunikation beibringt. Das Pferd lernt dabei, sich auszubalancieren, zur Ruhe zu kommen und mit dem Menschen zu interagieren. Dieses Training, bevor ein Pferd das erste Mal geritten wird, ist absolut sinnvoll, denn wer sitzt schon gern auf einem völlig unausgeglichenen, unausbalancierten Greenhorn, das fünfhundert Kilo wiegt und versucht es dazu zu bringen, das zu tun, was man möchte?

Wir Hundehalter haben jedoch oftmals solche Greenhorns an der Leine. Viel zu oft und zu schnell starten wir mit formalem Training wie „Sitz“ und „Platz“, bevor der Hund die Möglichkeit hatte, sich konzentrieren zu lernen oder seinen eigenen Körper bewusst wahrzunehmen. Wir konfrontieren Welpen oder Tierschutzhunde mit Stadttraining oder anderen Reizüberflutungen und wundern uns, wenn diese gestresst wirken oder nicht zur Ruhe kommen. Würden wir wie Reiter vorgehen und unsere Hunde auf sicherem Terrain schrittweise an das heranführen, was sie später alles erwartet, würden sich mit Sicherheit einige Probleme gar nicht erst ergeben.

Für die Bodenarbeit gilt „In der Ruhe liegt die Kraft“. Alle Übungen sollten bewusst und deswegen zunächst auch langsam ausgeführt werden. Die schnellste Gangart ist hierbei der Trab. Achten Sie jedoch auf die Bedürfnisse Ihres Hundes. Es gibt Exemplare, die in für sie schwierigen Situationen „Dampf ablassen“ müssen. Andere Hunde spulen sich dann erst richtig hoch. Achten Sie genau darauf, was Ihrem Hund zu welchem Zeitpunkt guttut.

Im Idealfall gehen Sie durch die Ideen dieses Buches in chronologischer Reihenfolge, denn es gibt einige Signale und Führübungen, die Ihnen und Ihrem Hund die Zusammenarbeit erleichtern. Ich wünsche Ihnen viel Spaß auf Ihrem gemeinsamen Weg.

Für Fragen oder Ideen dürfen Sie sich gerne jederzeit an mich wenden.

Herzlichst,
Carmen Heritier
www.gymnastricks.de

1.

Grundlagen

Markersignale

Markersignale sind aus dem Tier- und Hundetraining nicht mehr wegzudenken. Ihre Vorteile sind vielseitig:

Zum einen können sie die Zeit zwischen dem Verhalten des Hundes und der Belohnung überbrücken, ein Markersignal ist also eine Art Versprechen, das aussagt „deine Belohnung hierfür kommt gleich". Zum anderen markieren sie eindeutig den Zeitpunkt des gewünschten Verhaltens und sind so sehr nützlich für die eindeutige Kommunikation. Beide Aspekte sind besonders hilfreich, wenn man in einiger Entfernung zum Hund arbeitet. Dabei ist es unerheblich, ob Sie tatsächlich mit einem Clicker oder einem Markerwort arbeiten. Beides sollte selbstverständlich entsprechend vorher etabliert sein. Tatsächlich arbeite ich im Training mit meinen Hunden mit unterschiedlichen Markern, um noch klarer kommunizieren zu können, um was es mir geht. Was die Unterschiede sind und wie ich die Marker aufbaue, erfahren Sie hier.

„Click“

Der „Click“ bedeutet für entsprechend konditionierte Hunde: „Das, was du gerade tust, ist richtig, ich verspreche dir hiermit eine Belohnung.“ Dieses Versprechen ermöglicht eine sehr genaue Kommunikation mit Ihrem Hund auch auf weitere Distanz und ist, weil eine motorische Bewegung (das Clicken mit dem Daumen) schneller ausgeführt wird, als Sie sprechen können, besonders treffsicher. Folgendermaßen können Sie den Click oder alternativ ein Lobwort etablieren:

1. Am Anfang hat Ihr Hund keine Ahnung, was das Geräusch des Clickers bedeutet. Also besteht der erste Schritt in der Konditionierung des Vierbeiners. Hier setzen Sie einen Click in direkter Verbindung mit einer Belohnung. Ihr Vierbeiner muss erst einmal lernen, dass der Click die Belohnung ankündigt.

2. Setzen Sie sich mit Ihrem Hund an einen ruhigen Ort, wo er nicht abgelenkt werden kann. Legen Sie sich 10 – 20 Leckerchen zurecht. Clicken Sie einfach beiläufig und geben Sie Ihrem Hund sofort ein Leckerli. Achten Sie auf folgende Reihenfolge: „Click“ – Ihre Hand greift zum Futter – Sie füttern den Hund – Hund frisst.

3. Wiederholen Sie das Ganze. Achten Sie darauf, Ihren Hund in unterschiedlichen Positionen (z. B. im Sitzen, Stehen, Liegen, Laufen) zu clicken. Was Ihr Hund ansonsten gerade tut, ist zunächst völlig irrelevant.

4. Sie können dies mehrmals am Tag trainieren, aber halten Sie die jeweiligen Einheiten kurz.

5. Ob Ihr Hund den Clicker mit einer Belohnung verknüpft hat, erkennen Sie daran, dass er sich Ihnen nun zuwendet, wenn Sie den Clicker betätigen.

Der „Click“ hat neben all seinen Vorteilen einen entscheidenden Nachteil: Er bietet Ihrem Hund keine Zusatzinformation darüber, was nach ihm kommt. Und Zusatzinformationen können in manchen Situationen sehr hilfreich sein. So können Sie zwei weitere Markersignale nutzen, die eben genau solche Zusatzinformationen enthalten.

Keep Going (statisch)

Ein weiteres Markersignal sagt Ihrem Hund „Das, was du gerade tust, ist super. Ich verspreche dir hiermit eine Belohnung. Verharre in der Position, in der du dich gerade befindest." Dieses Versprechen wird im Folgenden statisches Keep-Going-Signal genannt.

Sie können Ihrem Hund somit die Zusatzinformation bieten, dass ein statisches Verharren sich lohnt und er nicht freudig aufspringen und zu Ihnen kommen soll – was nach einem „Click" durchaus legitim wäre. Das ist besonders praktisch, wenn Sie ruhiges, konzentriertes Arbeiten belohnen möchten.

Übungsschritte:

1. Im Idealfall nutzen Sie für den Aufbau des statischen Keep-Going-Signals eine Übung, die Ihr Hund bereits kennt, z. B. das Verharren im Sitz oder Platz.

Etablieren des statischen Keep-Going-Signals im Sitzen klappt schon bei den Jüngsten.

2. Trainieren Sie diese Übung zu einem Zeitpunkt, an dem Ihr Hund entspannt und gelassen ist und an einem Ort, an dem sich Ihr Hund wohlfühlt.

3. Fragen Sie die Übung ab und markern Sie nicht mit Ihrem normalen Lobwort oder dem Clicker, sondern nutzen direkt das statische Keep-Going-Signal, z. B. „guuuuuut". Sprechen Sie Ihr Signal ruhig und nahezu gelangweilt aus, um Ihren Hund nicht in Anspannung zu versetzen.

4. Geben Sie Ihrem Hund sein Leckerli. Machen Sie das zügig, aber nicht gehetzt. Verwenden Sie im Idealfall ein Leckerli, das er lange kauen muss.

5. So haben Sie direkt die Möglichkeit, das „guuuuut" wieder und wieder anzuwenden.

6. Wichtig ist, Ihren Hund dann aus der Situation zu entlassen, zum Beispiel mit einem Endsignal (siehe Seite 20).

7. Generalisieren Sie das statische Keep-Going-Signal an unterschiedlichen Orten mit unterschiedlichen Übungen. Dann können Sie es auch für noch unbekannte Übungen nutzen.

Das statische Keep-Going-Signal sollte in unterschiedlichen Positionen etabliert werden.

Keep Going (dynamisch)

Im Gegensatz zum statischen Keep-Going-Signal können Sie auch ein dynamisches Keep-Going-Signal nutzen. Dieses ist klasse für Bewegungsabläufe, denn es gibt dem Hund das Feedback, dass er einfach mit der angefangenen Bewegung fortfahren soll. Für die Bodenarbeit können Sie es z. B. nutzen, wenn Ihr Hund mit dem Fokus auf den Boden gerichtet vorwärtslaufen soll.

Aufbau:

1. Stellen Sie sicher, dass Sie etwas Platz haben, um sich gemeinsam mit Ihrem Hund zu bewegen.

2. Zeigen Sie Ihrem Hund, dass Sie Leckerchen dabeihaben.

3. Nehmen Sie diese in eine Hand, und zwar so, dass Ihr Handrücken zu Ihrem Hund zeigt und die Kekse in der Handfläche liegen.

4. Füttern Sie Ihren Hund zunächst wortlos aus dieser Hand.

5. Fangen Sie dann an, sich vorwärts zu bewegen und ermuntern Ihren Hund, Ihnen zu folgen. Im Idealfall laufen Sie im Laufe dieser Übung mehrere Kreise und Ihr Hund läuft außen, während Sie sich innen bewegen.

6. Füttern Sie Ihren Hund aus der Hand dafür, dass er dieser nachfolgt und sie fokussiert. Wichtig ist dabei, dass Sie ihm zu verstehen geben, dass er direkt wieder nachfolgen soll, d. h. achten Sie darauf, dass er gegebenfalls im Laufen isst.

7. Nutzen Sie kurz vor dem Füttern Ihr dynamisches Keep-Going-Signal, z. B. „Go on".

8. Generalisieren Sie diese Übung an unterschiedlichen Orten und mit unterschiedlichen Bewegungen, z. B. Drehungen um die eigene Achse.

Das dynamische Keep-Going-Signal kann auch gut über das frontale Nachfolgen etabliert werden. Im Idealfall gehen Sie selbst weiter, während Ihr Hund frisst und schluckt.

Rituale

Für ein gemeinsames Training ist eine eindeutige Kommunikation zwischen Ihnen und Ihrem Hund das A und O. Um das Training zu strukturieren und klar in der Kommunikation zu sein, haben sich unterschiedliche Rituale bewährt. Sind diese etabliert, wird es Ihrem Hund leichter fallen, sich genau dann zu konzentrieren, wenn es sinnvoll ist und zwischendurch auch entspannt „runterfahren“ zu können.

Teil des Startrituals kann bei gesunden, ausgewachsenen Hunden das Anspringen sein.

Startsignal

Um den Beginn des gemeinsamen Tuns einzuläuten, ist ein Startsignal sehr hilfreich. Die meisten Hunde stehen zwar schon parat, wenn man in Richtung Leckerlis greift, aber gerade für junge Hunde oder solche, die sich (noch) schlecht konzentrieren können, ist ein Startsignal sehr hilfreich. Kombinieren Sie für Ihr individuelles Startsignal ein Wortsignal mit einer immer wiederkehrenden Handlung. So können Sie sich zum Beispiel auf die Schenkel klopfen, Ihren Hund zum Hochspringen animieren und fragen „Bist du bereit?“. Im Idealfall kombinieren Sie Ihr Startritual mit einigen kleinen Aufwärmübungen, für die es bereits Belohnung gibt. So ist Ihr Hund nicht nur mental, sondern auch körperlich bestens vorbereitet.

Wichtig ist hierbei, dass Sie Ihr Startsignal an Ihren Hund und dessen Arbeitsspannung anpassen. Besitzen Sie ein eher phlegmatisches Exemplar, dürfen Sie sich ausschweifend über sein Engagement beim Aufwärmen freuen. Gehört Ihr Hund zu der Sorte „Schneller, Weiter, Höher", kann es sinnig sein, nur ganz dezent und mit ruhiger Stimme darauf hinzuweisen, dass Sie jetzt gern mit dem Training beginnen möchten. Wenn Sie das Startritual vor jede Trainingseinheit voranschalten, werden Sie sehen, wie Ihr Hund direkt „einen Schalter umlegt" und trainingsbereit ist.

Pausensignal

So, wie Sie von Ihrem Hund idealerweise seine ungeteilte Aufmerksamkeit nach dem Startritual erwarten, gebietet es die Fairness, dann auch zu kommunizieren, dass er jetzt gerade Pause hat und sich fortwährende Konzentration auf Sie eben gerade nicht lohnt. So schont Ihr Hund seine Ressourcen und Sie haben Zeit, kurz den nächsten Trainingsschritt vorzubereiten, sich mit Ihrer Trainings-

Auch die Kleinsten können schon ein Pausensignal und einen Pausenplatz kennenlernen.

partnerin auszutauschen oder schlicht einen Schluck zu trinken. Sie können Ihr Pausensignal an eine Position knüpfen, also z. B. an ein Liegen. Es ist jedoch auch sinnvoll, einen Pausenplatz zu etablieren, z. B. eine Decke. So kann sich Ihr Hund auf dieser aussuchen, wie er sitzen / stehen oder liegen möchte, kann sich zum Trinknapf begeben und ist insgesamt autonomer in der Pausengestaltung. Als Pausensignal eignet sich zum Beispiel ein Überkreuzen der Hände als optisches Signal, kombiniert mit dem Wortsignal „Pause".

Pausenplatz

Alternativ oder zusätzlich können Sie einen Pausenplatz, zum Beispiel eine Decke, eine Box oder eine erhöhte Liege etablieren. Hier geben Sie keine Position, sondern nur einen Ort vor – mit allen Vor- und Nachteilen. Nachteile könnten hierbei sein, dass ein Ort für das Erlernen vom Konzept her schwieriger zu greifen ist als eine Position und dass Ihr Hund natürlich objektbezogen lernt, sprich es wäre ideal, wenn Sie den Pausenplatz Ihres Hundes immer vor Ort dabei hät-

Schrittweiser Aufbau des Pausenplatzes: Ruhe lernen ist eine der wichtigsten Übungen.

ten. Die Vorteile sind natürlich der eindeutig abgegrenzte Platz und die Möglichkeit, sich die Pausenposition selbst zu wählen.

Übungsschritte:

1. Der Pausenplatz wird über das Schicken auf diesen etabliert. Im Idealfall platzieren Sie eine Decke oder Ähnliches zwischen sich und Ihren Hund.

2. Laden Sie Ihren Hund dazu ein, diese zu betreten. Markern Sie ihn direkt für das Setzen einer Pfote darauf und füttern ihn in Position.

3. Stück für Stück geht es so weiter, bis sich Ihr ganzer Hund auf dem Pausenplatz befindet.

4. Als geschickte Pausenposition auf dem Pausenplatz hat sich entspanntes Liegen (also kein korrektes Platz in der Sphinx-Position) bewährt.

5. Hier können Sie direkt die Anwendung des statischen Keep-Going-Markers (siehe Seite 12) erproben, wenn sich Ihr Hund in Position befindet.

Ein ruhiges, stimmliches Lob hilft die Zeit zu überbrücken, bis das Leckerchen kommt.

Endsignal

Um die Trainingseinheit eindeutig zu beenden, sollten Sie ein Endsignal etablieren. So könnten Sie zum Beispiel das Wort „Fertig“ benutzen und ein paar Leckerlis auf den Boden streuen. Das hat mehrere Effekte: Das Schnüffeln am Boden wirkt beruhigend und hilft Ihrem Hund, den Übergang von Arbeitsphase in Ruhephase leichter anzunehmen. Gleichzeitig bewegt sich Ihr Hund noch etwas hin und her und lockert so seine Muskulatur. Weiterhin ist er dann frei, um sich selbstständig zu entfernen und zum Beispiel an spannenden Ecken zu schnüffeln.

Schnüffeln als Endritual beruhigt.

Vorbereitung

Targets

„Target“ ist Englisch und bedeutet Ziel. Damit ist das Konzept des Targettrainings auch schon ziemlich gut beschrieben. Es geht nämlich darum, dem Tier, in unserem Fall dem Hund, ein klares Ziel vorzugeben und so das Training zu erleichtern. Das Targettraining kommt, wie die meisten Trainingsmethoden des modernen Hundetrainings, aus dem Zootiertraining. Hier wurde das Targettraining hauptsächlich für Handlingübungen genutzt: Zum Beispiel lässt man Großkatzen spezielle Ziele im Gehege anlaufen, um dann Absperrungen schließen und gewisse Bereiche reinigen zu können. Oder aber um pflegerische oder medizinische Handgriffe verrichten zu können wie beispielsweise das Stutzen der Krallen.

Targets sind für die Bodenarbeit unerlässlich. Sie ermöglichen, dass Ihr Hund unabhängig von Ihnen und selbstständig ein Ziel anläuft. Trainieren Sie diese Grundlagen ausführlich. Sie sind ideal auch zur mentalen Einstimmung Ihres Hundes auf das weitere Training bzw. sind ideale Einstiegsübungen vor jeder Bodenarbeit.

Bodentarget

Für das Bodenarbeitstraining kann ein Bodentarget mit den Vorderpfoten sinnvoll sein. Möchten Sie mit Ihrem Hund auch die Gymnastricks trainieren (siehe mein Buch mit gleichnamigen Titel), etablieren Sie zusätzlich einen Hinterpfotentarget, der Aufbau verhält sich analog zum Aufbau dieses Bodentargets, der eigentlich ein Bodentarget für die Vorderpfoten ist. Der Hinterpfotentarget sollte jedoch zuerst aufgebaut werden, da er etwas schwieriger umzusetzen ist. Ist nämlich der Vorderpfotentarget erst etabliert, denkt Ihr Hund bei einem Bodentarget nur an seine Vorderpfoten.

Einen Bodentarget mit den Vorderpfoten kann auch schon ein Welpe erlernen.

Übungsschritte:

1. Halten Sie Clicker und Leckerchen bereit.
2. Nehmen Sie den Pfotentarget (z. B. großer Untersetzer / Sitzkissen) in die Hand und machen ihn interessant, z. B. mit „Oh, was habe ich denn da …?"
3. Nun legen Sie den Pfotentarget auf den Boden und clicken bereits das erste Interesse Ihres Hundes hierfür. Werfen Sie das Leckerchen von Ihrem Übungsort weg.
4. Während Ihr Hund zum Leckercheneinsammeln unterwegs ist, heben Sie den Pfotentarget hoch. Sobald sich Ihr Hund Ihnen wieder zuwendet, legen Sie den Pfotentarget effektwirksam auf den Boden, gehen Sie einen Schritt hinter den Target und clicken nun bitte nur noch Pfotenaktionen Ihres Hundes. Werfen Sie das Leckerchen weg und lassen den Target nun liegen.
5. Dies machen Sie so lange, bis Ihr Hund mit beiden Pfoten auf dem Target steht. Dann clicken Sie ihn mehrmals und füttern ihn hier fest. Mit einem „Wegwerfleckerchen" lassen Sie ihn den Target wieder neu anlaufen.
6. Clicken Sie wieder das Stehen mit beiden Pfoten hierauf usw.

Überlauftarget („Over")

Das „Over" ist eigentlich kein „echter" Target, denn es ist ja kein Ziel – vielmehr eine Etappe oder ein Zwischenziel. Dennoch ist es ein recht praktisches Verhalten, das vielfältige Anwendungsmöglichkeiten mit sich bringt. Wie sieht der Überlauftarget also aus? Auf Wortsignal hin soll der Hund einen Target überlaufen und dabei seinen Fokus nach vorne richten, sodass im Idealfall sein Kopf in Verlängerung der Wirbelsäule getragen wird. Für die Bodenarbeit ist das „Over“ im Schritt oder Trab nutzbar. Beginnen Sie dabei mit der Gangart, die Ihrem Hund schwerer fällt, die langsamere oder schnellere ergibt sich dann von selbst.

Übungsschritte:

Wichtig ist zunächst, dass Sie einen länglichen Target nutzen, der sich von Ihren anderen bisher benutzten Targets unterscheidet. Er sollte etwas breiter sein als Ihr Hund und auch etwas länger. Gummimatten eignen sich, Holzbretter oder der Dogstepper, sofern Ihr Hund dann kein Verwechslungsproblem mit dem Plattformtraining bekommt.

1. Platzieren Sie einen Hocker, der so hoch ist, dass Ihr Hund bequem davon fressen kann, mit etwas Abstand hinter den Überlauftarget.

2. Starten Sie Ihren Hund aus der Position zwischen Ihren Beinen heraus, so ergibt sich automatisch ein Geraderichten und eine gewisse Führung. Falls er diese Position nicht kennt, sollte sie zunächst durch häufiges Füttern positiv etabliert werden.

3. Legen Sie Futter oder ein Spielzeug auf den Hocker, Ihr Hund bleibt (im Idealfall im „Steh“, ansonsten auch „Sitz“ oder „Platz“) vor dem Überlauftarget. Kennt Ihr Hund das Signal „Fokus vorne“ (siehe Seite 35) schon, können Sie dieses hier wunderbar einbauen.

4. Schicken Sie Ihren Hund nun aus der Mitte-Position los und markern die Bewegung. Wenn etabliert, wäre hier der dynamische Keep-Going-Marker (siehe Seite 14) sinnvoll.

5. Diesen Ablauf mehrmals wiederholen und Folgendes variieren:

- Es liegt kein Objekt auf dem Hocker

- Der Hocker fehlt

- Schräges Anlaufen (hier helfen rechts und links vom Überlauftarget Pylonen zum Einfädeln)
- Distanz zum Hund erhöhen
- Überlauftarget generalisieren, also anderes Equipment dafür nutzen.
- Klappt dies, führen Sie ein Wortsignal ein.

Falls Sie einen Futterautomaten besitzen, können Sie diesen selbstverständlich nutzen. Um das Training abwechslungsreich zu gestalten, fragen Sie Fokussignale ab und lösen dann auf.

In dieser Fotoserie sehen Sie den Aufbau des Überlauftargets mit klarem Fokus nach vorne in Richtung Hocker und dennoch konzentriertem und kontrolliertem Überlaufen.

③

④

⑤

Handtarget

Der Handtarget ist eine der grundlegenden Übungen für einfaches Handling im Hundetraining und hilft auch für Übungen bei der Bodenarbeit sehr. Ihr Hund lernt dabei, mit seiner Schnauze Ihre Handfläche zu berühren. So können Sie den Handtarget ähnlich einer Futterhand benutzen – mit dem Vorteil, dass Ihr Hund nicht blind dem Futter hinterherrennt und Sie freier im Handling mit Clicker und Leckerlis sind.

Übungsschritte:

1. Für den Aufbau des Handtargets halten Sie Clicker und Leckerlis bereit. Stellen Sie die Leckerlis am besten in einem Gefäß auf den Tisch oder schnallen Sie sich einen Futterbeutel um. Halten Sie die Leckerlis nicht in der Hand!

2. Halten Sie Ihre flache Handfläche vor die Schnauze Ihres Hundes. Spannen Sie dabei Ihre Hand an, um sie interessanter zu machen. Ihr Hund wird höchstwahrscheinlich Interesse an Ihrer Hand zeigen: Clicken und belohnen Sie ihn dafür. Das Futter bekommt er zunächst aus der anderen Hand.

3. Beispiel: Die linke angespannte Hand taucht auf – Ihr Hund schnüffelt daran – „Click" – linke Hand verschwindet – rechte Hand greift nach Futter und gibt dem Hund das Leckerli. Wenn der Hund gefressen hat, taucht die linke Hand wieder irgendwo auf… und so weiter.

4. Wiederholen Sie dies mehrmals. Achten Sie darauf, Ihrem Hund die Hand gleich zu Anfang in allen möglichen Richtungen um Sie herum anzubieten:

- links von Ihnen
- rechts von Ihnen
- vor Ihnen
- eher tief
- eher hoch

5. Achten Sie darauf, dass Ihr Hund nicht immer in der gleichen Position belohnt wird, da er diese sonst mitverknüpfen könnte.

6. Wechseln Sie nun die Hände ab und belohnen auch einmal direkt aus der Hand.

7. Generalisieren Sie die Übung an unterschiedlichen Orten. Führen Sie ggf. ein Wortsignal ein.

Das Anstupsen der Hand erweist sich als ideal für einfacheres Handling.

Eine längere Verweildauer kann man durch das Zurückhalten des Futters erreichen.

Kinntarget

Der Kinntarget oder „Hold“-Target ist eine ideale „Ommm“-Übung, wenn Ihr Hund sich hochzufahren droht oder einfach kurz eine Pause an Ort und Stelle nötig ist.

1. Begeben Sie sich auf Kopfhöhe mit Ihrem Hund. Je nach Größe fällt das schwerer oder leichter. Ein gutes Hilfsmittel ist ein Sofa, auf dem entweder Sie oder Ihr Hund Platz nehmen. Idealerweise liegt Ihr Hund bei dieser Übung.

2. Zeigen Sie Ihrem Hund, dass Sie heute besonders gut riechende Leckerchen zum Trainieren verwenden. Er bekommt allerdings noch keines davon.

3. Formen Sie mit Ihrer Hand eine Art Kuhle, in die Ihr Hund später seine Schnauze bzw. seinen kompletten Kopf legen soll.

4. Halten Sie diese Kuhle direkt zwischen Hundeschnauze und Leckerli und so, dass Ihr Hund seine Schnauze nur minimal in Richtung des Leckerlis bewegen muss und dabei schon in Ihre vorgeformte Kuhle rutscht. Es kann sein, dass Sie den Abstand des Leckerlis hierzu variieren müssen, „spielen“ Sie mit diesem Abstand. Dieses erste Berühren markern (Keep-Going-Signal statisch, siehe S. 12) und belohnen Sie. Achten Sie jedoch von Anfang an darauf, dass die Schnauze Ihres Hundes sich flächig in Ihrer Hand befindet, damit Ihr Hund kein falsches Bild von der Übung bekommt.

5. Wiederholen Sie dieses „In-die-Kuhle-Bewegen“ mehrmals.

6. Jetzt geht es darum, dass Ihr Hund aktiv Gewicht an Ihre Hand abgibt, seine Schnauze sozusagen in Ihre Hand drückt. Das erreichen Sie, indem Sie vorgehen wie bisher beschrieben, Ihren Hund jedoch nicht sofort belohnen, sondern das Leckerli etwas nach unten bewegen. Hierbei müssen Sie mit etwas Geschick und kleinschrittig vorgehen, sodass Ihr Hund die Schnauze nicht aus der Kuhle bewegt, sondern nur nach unten schielt und somit die Schnauze auch etwas nach unten drückt. Diesen Moment markern Sie und lassen Ihren Hund das angebotene Leckerchen in der Position fressen. Wiederholen Sie dies so häufig, bis Sie das Gefühl haben, Ihr Hund hat das Konzept verstanden.

Locken Sie Ihren Hund mit einer Hand in die Kuhle, die Sie mit der anderen Hand formen.

Belohnen Sie das Verharren in der Hand, auch wenn sich das Leckerli entfernt.

Der Kinntarget.

7. Versuchen Sie jetzt, die Entlastung noch aktiver herbeizuführen, indem Sie Ihrem Hund die Kuhle immer tiefer anbieten. Alternativ, je nach Hund, bewegen Sie Ihre Hand erst, wenn Ihr Hund seine Schnauze schon abgelegt hat.

8. Versuchen Sie nun, die Dauer des Drucks zu verlängern. Dies klappt erstaunlicherweise bei diesem Target recht zügig.

9. Führen Sie ein Wortsignal ein und schleichen das Leckerli langsam aus, indem Sie es ab und zu noch zum Herbeiführen der Übung benutzen, es teilweise aber nicht mehr vorhanden ist.

Plattformtraining

Für das Plattformtraining benötigen Sie eine Plattform, die so groß ist, dass Ihr Hund darauf bequem und korrekt stehen kann, und zwar sowohl in der Länge als auch in der Breite. Dabei ist es unerheblich, ob Sie ein einfaches Brett nutzen oder z. B. den Dogstepper. Wichtig ist nur, dass Sie zunächst, bis das Wortsignal etabliert ist, nicht das gleiche Objekt für das „Over" und das Plattformtraining verwenden, um eindeutig für Ihren Hund zu sein.

Wie gelingt der Aufbau des Plattformtrainings? Wichtig sind hierbei Selbständigkeit und Präzision. Durch die genau an Ihren Hund angepasste Größe arbeiten Sie beim Plattformtraining im Prinzip parallel an beidem.

Im Training achten Sie auf:

- selbstständiges Anlaufen
- präzises Stehen auf der Plattform
- Unabhängigkeit von Ihrer Position

Für Snoopy ist diese Plattform eigentlich zu groß, dennoch fühlt er sich sichtlich wohl.

All diese Aspekte können Sie direkt in das Training einbauen. Den Aufbau des Targets „Plattform“ finden Sie unter der Rubrik Führpositionen auf Seite 116.

Pylone umrunden

Das Umrunden einer Pylone in unterschiedlicher Geschwindigkeit schult die Koordination Ihres Hundes, flektiert – biegt – seine Wirbelsäule und sollte immer in beide Richtungen aufgebaut werden. Zudem ist es eine wertvolle Basisübung für die Bodenarbeit

Sie benötigen eine Pylone, Futter und Ihren Marker.

Umrunden im Schritt

Versuchen Sie zunächst, das Umrunden im Schritt zu etablieren. Wichtig sind dabei die Position Ihres Hundes, der Ort, an dem Sie das Futter geben oder platzieren und Ihre Relation zur Pylone. Idealerweise shapen Sie Ihren Hund dazu, die Pylone zu umrunden. Dabei sollte sich Ihr Hund nicht nur mit den Beinen der Biegung anpassen, sondern seinen Rücken mitnehmen, also eine Flexion in der Wirbelsäule stattfinden. Arbeiten Sie sich hierzu von hinten nach vorne vor. Starten Sie Ihren Hund also praktisch neben der Pylone und lassen ihn auf sich zulaufen, wofür er das erste Leckerchen erhält. Dann setzen Sie ihn etwas weiter von sich entfernt ab, dann etwas um die Pylone herum und so weiter. Um nicht zu viel Geschwindigkeit in das Umrunden hineinzubringen, legen Sie die Leckerli auf den Boden. Etablieren Sie bewusst ein Wortsignal, das die Gangart Schritt beinhaltet, sodass Sie gezielt abfragen können, ob Ihr Hund die Pylone nun im Schritt oder Trab umrunden soll.

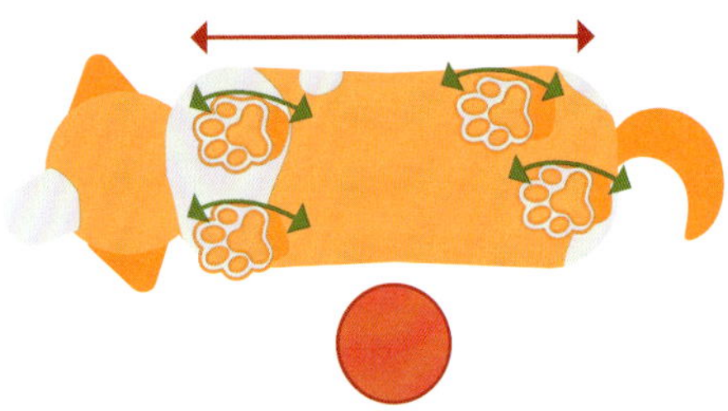

Falsch: Die Beine passen sich der Biegung an, aber die Wirbelsäule bleibt gerade.

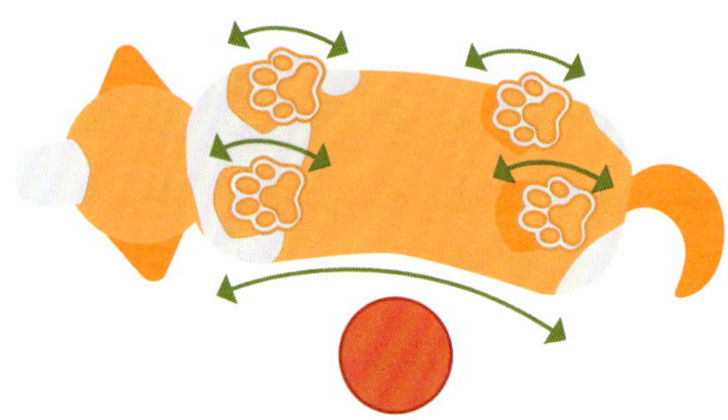

Richtig: Auch die Wirbelsäule passt sich der Biegung an.

Umrunden im Trab

Das Umrunden der Pylone im Trab ist wesentlich einfacher als das Umrunden im Schritt, denn kleine Dysbalancen können im Trab vom Hund durch die Geschwindigkeit besser ausgeglichen werden. Beginnen Sie das Training also unbedingt zunächst im Schritt. Für das Umrunden im Trab gehen Sie analog vor, motivieren Ihren Hund durch Stimme oder hochwertigere Leckerlis jedoch zu einem schnelleren Tempo.

Kleine ganz groß! Selbstverständlich sind alle Übungen dieses Buches auch für kleine Hunde geeignet. Hier empfiehlt es sich eventuell, zunächst etwas erhöht zu arbeiten. Das erleichtert das Handling und ist körpersprachlich weniger einschüchternd für kleinere Hunde. Hier sehen Sie, wie gezieltes Platzieren des Leckerlis zu einer schrittweisen Umrundung der Pylone führt.

Hier wird die erwünschte Flexion der Wirbelsäule sichtbar. Das Umrunden einer Pylone ist auch eine wunderbare Übung, um die Beobachtungsfähigkeit des Menschen zu schulen.

Fokusübungen

Für Bodenarbeitsübungen ist es äußerst hilfreich, wenn Sie dem Hund mitteilen können, worauf er seinen Fokus richten soll. Hierzu werden drei Blickrichtungen etabliert: das Angucken des Hundehalters, der Fokus nach vorne und der Fokus nach unten. So können Sie Ihrem Hund gezielt helfen, sich auf das zu konzentrieren, was momentan wichtig ist. Dies ist äußerst hilfreich für eine klare Kommunikation, denn es macht einen Unterschied, ob Ihr Hund sich auf das Hindernis vor ihm konzentrieren soll oder ob Sie seinen Fokus auf die Beschaffenheit des Objektes unter seinen Füßen richten möchten. Sind die Fokus-Übungen etabliert, können sie mit den Führpositionen kombiniert werden.

Fokus nach vorne

Bei der Fokusübung „Fokus vorne" lernt Ihr Hund zunächst, einen Punkt in weiterer Distanz anzugucken. Dies ist hilfreich, wenn Sie seine Konzentration hierauf lenken möchten, zum Beispiel, weil er Sie anguckt, dabei aber nicht das nächste Hindernis im Blick hat. Weiterhin können Sie so seine Körperhaltung etwas in eine entspanntere Form bringen, da sich sein Kopf im Idealfall in Verlängerung der Wirbelsäule befindet, was zuträglich für frei schwingende Gliedmaßen und den Rücken ist.

Für den Aufbau des „Fokus vorne" benötigen Sie einen Hocker sowie ein Spielzeug oder Futter in einer Futterschüssel und Ihr Markersignal, z. B. den Clicker.

Übungsschritte:

1. Ihr Hund sollte im Idealfall bereits ein „Bleib"-Verhalten kennen. Ob „Steh", „Sitz" oder „Platz", ist zunächst irrelevant. Hilfreich kann hier eine Plattform sein (siehe Aufbau Führpositionen, Seite 116). Bitten Sie Ihren Hund zu bleiben. Falls er das nicht kennt, arbeiten Sie mit einer Hilfsperson, die Ihren Hund an Geschirr oder Halsband sanft festhält.

2. Beginnen Sie zunächst mit geringem Abstand. Begeben Sie sich mit Spielzeug oder Futter, das Sie Ihrem Hund vorher zeigen, etwa einen Meter weit von ihm weg.

3. Der Moment, in dem Ihr Hund sich nach vorne auf das Motivationsobjekt fokussiert, ist der für uns interessante. Ein Angucken reicht vollkommen. Es muss und soll ausdrücklich kein „verrücktes Hinterhergeiern" sein. Markieren Sie die konzentrierte Aufmerksamkeit Ihres Hundes auf das Objekt. Als Belohnung bekommt er das Spielzeug oder etwas Futter. Das Objekt bewegt sich also zunächst auf ihn zu.

4. Vergrößern Sie den Abstand zum Hund und bleiben variabel. Entfernen Sie das Objekt also mal drei Meter, mal fünf, dann wieder nur einen und so weiter.

5. Versuchen Sie nun, sich unabhängig vom Objekt zu machen und platzieren es auf dem vorbereiteten Hocker. Sie selbst begeben sich neben oder hinter Ihren Hund.

6. Wechseln Sie ab, ob Sie das Objekt zum Hund bringen oder er hinlaufen darf.

7. Sind Sie sich so sicher, dass Ihr Hund das Objekt anguckt, dass Sie 50 Euro darauf verwetten würden, können Sie ein Wortsignal einführen, z. B. „Fokus".

8. Arbeiten Sie nun daran, dass das Fokusobjekt nicht mehr immer sichtbar ist. Sprich Sie simulieren zunächst das Auslegen, dann legen Sie tatsächlich wieder aus und so weiter. Auch den Hocker sollten Sie nun entfernen.

9. Wird Ihr Hund zögerlich oder hat Probleme, die Übung auszuführen, gehen Sie einen Schritt zurück.

10. Üben Sie das Fokussieren an unterschiedlichen Orten, in unterschiedlichen Positionen und auch in Bewegung, zum Beispiel an der Leine.

Schöner Aufbau der Übung „Fokus nach vorne". Ally darf nach dem Fokussieren ihren Keks vom Hocker abholen.

Fokus nach unten

Der Fokus nach unten ist in der Bodenarbeit besonders dann hilfreich, wenn Sie Ihrem Hund mitteilen möchten, dass er aufpassen soll, was direkt vor ihm liegt, seine Beine sortieren soll und sich einfach mal auf sein direktes Umfeld vor sich konzentrieren soll.

Zudem dehnt das selbständige Nach-unten-Schauen des Hundes seine Nackenmuskulatur und wirkt sich idealerweise positiv auf die langen Rückenstrecker aus. Es bietet einen idealen Ausgleich für Hunde, die im sonstigen Training häufig nach oben schauen, zum Beispiel in der Fußarbeit.

Ihr Hund lernt zunächst, im Stehen einen auf dem Boden liegenden Target mit der Nase anzustupsen.

Durch gezieltes Füttern und das Ausschleichen des Targets formen Sie so die Fokusübung „unten".

Sollte Ihr Hund schon einen Target kennen, den er nur anguckt und nicht berührt – umso besser, dann nutzen Sie diesen. Für unerfahrene Hunde ist ein klares Berühren jedoch einfacher als ein Angucken.

Übungsschritte:

1. Achten Sie darauf, dass Ihr Hund sich zum Erlernen dieser Übung in einer stehenden Position befindet. Dies verhindert, dass er dazu tendiert, sich hinzulegen, um den Target zu berühren. Gegebenenfalls hilft es, wenn Sie Ihren Hund dazu auf einer Erhöhung (Plattform o. Ä.) positionieren.

2. Bewaffnen Sie sich mit Clicker, Leckerli und Post-It.

3. Bieten Sie Ihrem Hund das Post-It als Target an, den er ausnahmslos mit der Nase berühren soll, clicken und belohnen Ihn dafür. Achten Sie besonders bei „Pfoten-Hunden" darauf, den Target so hoch zu halten, dass Ihr Hund gar nicht versucht ist, mit der Pfote zu arbeiten.

Aufbau der Übung „Fokus nach unten“

Generalisieren der Fokusübung

4. Haben Sie das Berühren mit der Nase etabliert, wandern Sie mit dem Post-It Stück für Stück Richtung Boden. Clicken und belohnen Sie die Zwischenschritte.

5. Legen Sie nun das Post-It mit etwas Abstand vor die Vorderfüße Ihres Hundes, so dass er es bequem mit seiner Nase erreichen kann, ohne sich dabei aus der Stehposition bewegen zu müssen.

6. Clicken Sie konsequent nur die Nasenberührung des Post-Its. Jetzt wird der Ort der Belohnung interessant. Um Ihrem Hund die Möglichkeit zu geben, das Verhalten direkt wieder zu zeigen, füttern Sie ihn gerade nicht beim Post-It, sondern halten das Leckerli so hoch, dass er seinen Kopf nach oben recken muss. Somit können Sie auch ein etwaiges Abliegen zum Fressen des Leckerlis verhindern.

7. Nachdem er gefressen hat, wird Ihr Hund sich wieder dem Post-It zuwenden. Clicken Sie die Berührung dessen und füttern ihn wieder nach oben.

8. Fügen Sie ein Wortsignal hinzu, kurz bevor Ihr Hund die Übung wieder von alleine startet.

9. Fangen Sie jetzt an, das Post-It immer kleiner werden zu lassen. Hierbei kann es zu Schwierigkeiten kommen, wenn Sie zu schnell vorgehen. Dann hilft es, Ihren Hund ab und zu doch direkt auf dem Post-It zu füttern, um ihm dieses wieder im wahrsten Sinne des Wortes schmackhaft zu machen.

10. Versuchen Sie nun, das Post-It komplett wegzulassen. Clicken Sie Ihren Hund am tiefsten Punkt seiner Bewegung nach unten.

11. Variieren Sie Ihre Position zum Hund.

Fokus zum Mensch

Die meisten Hunde kennen wahrscheinlich ein Signal, das ihnen sagt: „Nimm Blickkontakt zu mir auf". Die folgende Variante arbeitet dabei gleich mit Ablenkung und integriert das Sich-Abwenden von etwas direkt in die Übungsschritte.

Für den Aufbau der Übung „Fokus zum Mensch" benötigen Sie einige Leckerli, idealerweise in zwei verschiedenen Wertigkeiten, sowie Ihr Markersignal.

Übungsschritte Variante 1:

1. Zeigen Sie Ihrem Hund, dass Sie Kekse bei sich haben. Wenn möglich, trainieren Sie mit Leckerli unterschiedlicher Qualität, z. B. mit Trockenfutter und Wurst.

2. Die Wurststückchen gibt es für das Angucken von Ihnen, das Trockenfutter gibt es als Ablenkung auf den Boden. Keine Angst hierbei vor schnüffelaffinen Hunden – gerade diesen tut es gut, sich so von ihrer Fixiertheit auf den Boden zu lösen. Haben Sie Bedenken, Ihr Hund könnte zu lange schnüffeln, begrenzen Sie ihn durch eine Leine.

3. Markern Sie den (zufälligen) Blickkontakt Ihres Hundes zu Ihnen. Bei diesem allerersten Mal dürfen Sie durch Locklaute oder Ähnliches auf sich aufmerksam machen, danach bitte nicht mehr!

4. Füttern Sie Ihrem Hund ein hochwertiges Leckerchen und warten reglos ab, was er tut. Wahrscheinlich wird er wieder Blickkontakt aufnehmen. Das markern Sie wieder, belohnen es mit Wurst und werfen dann ein Trockenfutterleckerchen auf den Boden.

5. Jetzt wird es spannend. Ist Ihr Hund durch das Suchen und Fressen des Leckerlis am Boden abgelenkt oder sucht nach der ersten Futterbelohnung bei 4.) nicht eigenständig wieder Blickkontakt, machen Sie einfach gar nichts. Warten Sie stumm ab, was passiert.

6. Seien Sie bereit für die nächste Kontaktaufnahme. Diese kann einige Zeit dauern. Wichtig ist wirklich, dass sie eigenständig passiert und nicht von Ihnen initiiert wird. Sie möchten ja erreichen, dass sich Ihr Hund aktiv für Sie entscheidet. Belohnen Sie Ihren Hund für diese Entscheidung auch mit ausgelassener Stimmung und natürlich dem hochwertigeren Futter.

7. Werfen Sie dann wieder einen Trockenfutterkeks auf den Boden. Mit der Zeit wird sich die Wartezeit, bis Ihr Hund sich Ihnen wieder zuwendet, sehr verkürzen.

8. Zeigt Ihr Hund das Verhalten zuverlässig, können Sie ein Wortsignal, wie z. B. „Guck“ einführen.

9. Üben Sie dies in verschiedenen Situationen und mit verschiedenen Ablenkungen, also zum Beispiel auch Spielzeug, anderen Hunden oder Tieren. Sichern Sie Ihren Hund dabei immer. Achten Sie darauf, dass der andere Reiz nicht zu spannend ist und es sich für ihn immer lohnt, sich Ihnen zuzuwenden.

Übungsschritte Variante 2:

Hier geht es darum, dass Ihr Hund sich trotz Leckerlis in der Nähe auf Blickkontakt zu Ihnen konzentriert.

1. Halten Sie einige Leckerlis bereit. Führen Sie diese zunächst vor Ihr Gesicht und markern und belohnen Ihren Hund dafür, dass er in Richtung Ihres Gesichtes guckt.

2. Versuchen Sie nun Stück für Stück, Ihre Hand zu senken und Ihren Hund für Augenkontakt zu belohnen. Gehen Sie so vor, dass Ihr Hund nahezu keine Fehler machen kann.

3. Wenn dies klappt, üben Sie das Blickkontakthalten zunächst mit einer leeren Futterhand als Ablenkung.

4. Dann nutzen Sie Ihre zweite Hand auch als Ablenkung.

Auf den Boden gestreute Leckerli als Ablenkung und gleichzeitig Möglichkeit zum Wiederaufnehmen von Blickkontakt.

Fokus zum Mensch trotz Leckerchen.

5. Jetzt können Sie auch Futter in die Hand nehmen. Sollte Ihr Hund sich annähern, ziehen Sie die Hand nicht weg, sondern verschließen sie nur. Für Blickkontakt wird er dann fürstlich belohnt.

6. Führen Sie ein Wortsignal, z. B. „Guck" oder „Schau" ein.

7. Üben Sie das Aufnehmen des Blickkontakts und halten auch im Stehen, Knien, Sitzen und in anderen Positionen um Ihren Hund herum.

Hooley hält Blickkontakt trotz Leckerli in beiden Händen.

Unterschiedliche Fokusübungen zur Illustration:

Entspanntes Durchlaufen eines Bodenarbeitsparcours

Mit der Übung „Fokus nach unten“ wird Darwin hier im Bodenarbeitsparcours auf den Aufstieg bzw. die nächsten Objekte vor ihm vorbereitet.

Fokuswechsel zum Menschen hin

Equipment

Equipment am Hund

Es ist wichtig, dass sich Ihr Hund wohlfühlt und frei bewegen kann. Sie können in der Bodenarbeit mit freiem Hund oder angeleintem Hund arbeiten. Ihr Hund kann Halsband oder Geschirr tragen, es hat beides Vor- und Nachteile:

Beim Halsband ist die Leine direkt am Hals eingehängt, der sehr sensibel ist für Einwirkungen. Das kann positiv sein, wenn Sie ganz fein mit Ihrem Hund arbeiten möchten und er z. B. das unterschiedliche Gewicht einer sich verkürzenden Leine spürt, um sich dann wieder an Ihnen zu orientieren. Das kann aber auch, besonders bei ungestümen Hunden, eher ein Nachteil sein, denn wenn Ihr Hund losstürmt, rauscht er voll in das Halsband und wird durch die angespannte Leine unsanft zurückgezogen. Hier ist die Arbeit mit einem Geschirr wesentlich sinniger, denn so vermeiden Sie unnötigen Zug oder Druck auf sehr sensible Regionen. Achten Sie bei einem Geschirr jedoch unbedingt auf die Schulterfreiheit und darauf, dass es, wenn sich Ihr Hund nach vorne-unten orientiert, nicht über dem Brustbein in den Halsbereich eindrückt. Es gibt einige Geschirre, die einen gepolsterten Ring am Brust-

Ein Geschirr mit mehreren Ringen bietet unterschiedliche Möglichkeiten, die Leine einzuhängen.

Hier wird der Brustring genutzt, was besonders für die auf den Menschen zukommende Führposition im folgenden Bild auf der nächsten Seite praktisch ist.

bein haben, dieser lässt sich in bestimmten Führpositionen sehr gut nutzen. Ansonsten sollte der Ring am Hunderücken auch unterpolstert sein, damit der Karabiner der Leine nicht direkt auf der Wirbelsäule aufliegt. Das angenehme Anziehen des Geschirrs ist etwas, das man üben kann.

Übungsschritte:

1. Lassen Sie Ihren Hund das Geschirr in Ruhe anschauen und beschnuppern. Dazu können Sie es, wenn er besonders ängstlich ist, erstmal auf den Boden legen. Belohnen Sie jede freiwillige Annäherung.

2. Hocken Sie sich seitlich neben Ihren Hund. Halten Sie das Geschirr so, dass er die Möglichkeit hat, mit dem Kopf richtiggehend einzutauchen.

3. Jede Bewegung in die richtige Richtung wird geclickt. Im Idealfall füttern Sie Ihren Hund an Ort und Stelle, sollte er aber wieder „hinaustauchen“, gibt es das Leckerli einfach dort.

4. Wiederholen Sie diesen Schritt mehrmals und machen dann eine Pause.

5. Üben Sie unabhängig hiervon mit Ihrem Hund, dass das Zumachen und Öffnen des Clickverschlusses nichts Unangenehmes ist. Viele Hunde empfinden das Geräusch nämlich als unangenehm. Dazu zeigen Sie Ihrem Hund den Verschluss und paaren das Öffnen und Schließen immer mit einem Leckerli.

6. Nach einer Pause können Sie nun weiter das Anziehen des Geschirres üben. Gehen Sie dabei behutsam vor und schließen das Geschirr zunächst nicht. Im Idealfall finden Sie ein passendes Geschirr für Ihren Hund, das eine Schnalle am Hals hat, sodass Sie diese recht enge Öffnung weiterstellen können.

7. Kommt Ihr Hund freudig angelaufen, wenn Sie das Geschirr in der Hand halten, haben Sie kleinschrittig genug geübt. Bravo!

Hier sehen Sie, wie Cooper selbstständig in das Geschirr „hineintaucht“.

Auch die Leinenlänge ist für positives Training entscheidend. Arbeiten Sie lieber mit einer langen Leine, an der Sie Ihrem Hund Freiraum geben können, um sich umzuschauen und sich dann selbstständig wieder zu Ihnen zurück zu orientieren. Eine sehr kurze Leine kann sehr einschränkend wirken und Ihren Hund unruhig machen.

Equipment am Boden

Hier können Sie unterschiedliche Geräte nutzen, solange diese verletzungssicher für den Hund sind. Eine Liste mit Bezugsdaten finden Sie im Anhang (Seite 196).

Grundsätzlich erachte ich es für wichtig, dass Sie jedes Equipment zunächst einmal in nur einer Funktion nutzen. Später können Sie hier gerne variieren, aber gerade, wenn Sie mit Ihrem Hund neu in den Bodenarbeitsbereich einsteigen, ist es wichtig, dass Sie in allen Ihren Signalen eindeutig sind. Das bedeutet, dass jedes Teil des Equipments zunächst nur eine Funktion hat: Die Begrenzungsstangen sollten Sie tatsächlich als Begrenzung nutzen und nicht zusätzlich zum Übersteigen. Genauso verhält es sich mit den Cavalettistangen: Nutzen Sie diese nicht als Begrenzung, sondern nur zum Übertreten. So bleiben Sie eindeutig in den Erwartungen an Ihren Hund.

Oftmals verhilft schon eine einseitige Begrenzung zu mehr Abstand und Fokus auf die Aufgabe.

2.

Körperarbeit

Unter dem Begriff Körperarbeit versammeln sich unterschiedliche Definitionen. In diesem Buch soll es dabei um isometrisches Training und Körpertargets gehen, also Übungen, die der Selbstwahrnehmung dienen.

Isometrisches Training

Isometrische Übungen sind ein tolles Mittel, um die Körperwahrnehmung Ihres Hundes zu schulen und ihn nebenbei für ruhiges, konzentriertes Mitdenken zu belohnen. Sie ergänzen somit die Bodenarbeitsübungen ideal. Neben der Körperwahrnehmung werden beim isometrischen Training auch der Gleichgewichtssinn und die entsprechend angesprochenen Muskelpartien trainiert.

Man kennt isometrische Übungen auch unter dem Namen „Stabilitätsübungen“ oder „statisches Krafttraining“. Dabei spielt die Beschreibung „statisches Krafttraining“ darauf an, dass das Training nicht dynamisch ist. Damit ist gemeint, dass isometrisches Training eine Form des Muskelaufbaus ohne Gelenkbewegung ist. Wenn Sie normalerweise Ihren Oberarm trainieren, beugen und strecken Sie dabei jedes Mal das Ellbogengelenk. Das ist bei isometrischen Übungen nicht der Fall, und daher sind sie relativ schonend. Sie arbeiten dort über eine Spannungsänderung im Muskel, ohne dass dieser seine Lage verändert. Das ist der Vorteil des isometrischen Trainings, aber auch dessen Nachteil. Die Intensität des Trainings ist einfach steuerbar, weil über Druck oder Zug gearbeitet wird – und das im Prinzip mit dem eigenen Körpergewicht (im menschlichen Fall) beziehungsweise mit dem Hundegewicht (im hündischen Fall) oder kombiniert (wenn man als Mensch Druck oder Zug aufbaut). Als Ergänzung zur Bodenarbeit ist es so eigentlich für jeden Hund geeignet, denn auch ältere Hunde oder bereits Junghunde profitieren hiervon. Für Sportskanonen kann man das isometrische Training noch anstrengender machen, indem man mit einem wackeligen Untergrund arbeitet oder den Hund erhöht stellt (z. B. vorne hoch, hinten tief).

Hintergrund: Isometrie

Wenn man das Wort Isometrie zergliedert, bedeutet „iso" gleich und „metrisch" das Maß betreffend. Es findet nur eine Spannungsveränderung, keine Längenveränderung im Muskel statt, das Gelenk wird nicht bewegt. Das bedeutet, dass Anspannung, Druck oder Zug das Muskulaturtraining auslösen. Als Beispiel aus dem Humanbereich sei hier das Armdrücken erwähnt. Wenn sich zwei Personen gegenübersitzen und Druck aufbauen, sieht man nicht viel. Man sieht, wenn die entsprechenden Gegner ungefähr gleich stark sind, nicht viel bis zu dem Punkt, an dem ein Gegner aufgeben muss, weil der andere tatsächlich doch mehr Druck aufbauen kann.

Isometrisches Training ist insbesondere für ruhelose Hunde sehr vorteilhaft, da sie hierdurch erfahrungsgemäß lernen können, sich selbst besser zu spüren. Selbstredend profitieren so auch besonders junge Hunde und Senioren von isometrischem Training.

Wirkung auf den Hundekörper

Bei all den Vorteilen des isometrischen Trainings ist es wichtig, die Vorgänge zu kennen, die dabei im Körper passieren. Bezogen auf den Muskelstoffwechsel besteht kein Unterschied zwischen Mensch und Hund. Dieser funktioniert, was die Abbauprodukte angeht, ähnlich.

Folgendes kann im Hundekörper passieren: Rein statische Übungen könnten auf Dauer dazu führen, dass Muskelwachstum und -elastizität stagnieren oder abnehmen. Das bedeutet, wenn man nur statisches Krafttraining machen würde, gäbe es tatsächlich wenig Elastizität im Muskel. Warum? Das ist eigentlich logisch, denn wenn keine Gelenksbewegung vorhanden ist, müssten sich die Muskeln, Bänder und Sehnen nicht großartig dehnen lassen. Dementsprechend ist dies wichtig zu erwähnen, da isometrisches Training oder isometrische Übungen zum Beispiel im Reha-Bereich zurecht gerne angepriesen werden. Dies ist gut und wichtig, aber man muss sich bewusst sein, dass es während dieser Haltearbeit eine verminderte Blutzufuhr gibt. Das bedeutet, der Spannungszustand bleibt gleich, also die Muskulatur arbeitet, aber gibt es weniger Blutfluss, da das Blut auch mit der Bewegung in die Muskulatur gepumpt wird. Dementsprechend bedeutet dies, dass sich Stoffwechselabbauprodukte, wie zum Beispiel Laktat, anhäufen können und weniger gut abtransportiert werden. Das heißt, es kann sein, dass der Muskel übersäuert, was dann zu Muskelverhärtungen führen kann, die auch über Triggerpunkte wahrnehmbar sein können. Hierbei sollten Sie im Kopf haben, dass nach dem isometrischen Training immer eine Aktivitätsphase folgen sollte, um die Stoffwechselprodukte abzubauen. Sollte aktives Bewegen Ihrem Hund nicht möglich sein, kann ein passives Durchbewegen durch Sie selbst Abhilfe schaffen.

Sinn & Zweck

Den Sinn und Zweck des isometrischen Trainings kann man aus unterschiedlichsten Warten betrachten. Hier sind vier Punkte (von vielen) aufgelistet, die im Folgenden näher thematisiert werden:

- Muskelaufbau
- Körperbewusstsein
- Entspannung
- Proofing im Training

Muskelaufbau

Hier handelt es sich natürlich um Krafttraining wie zum Beispiel Gymnastricks oder Fitnesstrainings.

Wichtig ist dabei, dass Sie genau wissen, was Sie tun, wie Ihr Hund steht und wie er den Druck oder den Zug erwidert. Es ist oftmals so, dass man denkt, wenn zum Beispiel vorne rechts an der Schulter Druck aufgebaut wird, dass der Hund vorne rechts an der Schulter am meisten Muskelarbeit leistet. Das Problem ist aber, dass man das nicht so pauschal sagen kann, sondern es ganz stark darauf ankommt, wie der jeweilige Hund reagiert. Ob es ein Typ Hund ist, der sich praktisch komplett mit dem ganzen Körper gegen den Druck wirft oder ob er relativ entspannt viel aus seiner gesamten Balance macht und den Bereich der rechten Schulter gar nicht so deutlich anspricht, da er insgesamt gut ausbalanciert ist und an verschiedenen Stellen etwas mehr Druck mitgibt.

Das bedeutet: Im Bereich Muskelaufbau müssen Sie genau darauf achten, wie Ihr Hund steht und ob er wirklich komplett ausbalanciert ist, bevor Sie anfangen, Druck oder Zug aufzubauen. Und dabei auch genau beobachten, wie sich der Stand ändert. Hier ist zu empfehlen, dass Sie sich selbst filmen oder vor einem Spiegel trainieren, um das Ganze genauer anschauen zu können.

Tatsächlich ist es so, dass an der Stelle, an der Druck aufgebaut wird, zunächst der meiste und auch intensivste Gegendruck kommt. Grundsätzlich ist es aber auch so, dass ein Körperbereich nicht isoliert von einem anderen Körperbereich zu betrachten ist. Der Körper ist ein System, das heißt es wird auch überall sonst Muskelarbeit aufgetan werden, um dem Druck entgegenzuwirken und das Gleichgewicht halten zu können. Dementsprechend ist ein genaues Beobachten sehr wichtig. Es kann sein, dass Ihnen dabei auffällt, dass Ihr Hund eine Schonhaltung hat und diese auch im isometrischen Training weiterführt.

Körperbewusstsein

Dadurch, dass Sie direkt am Hund arbeiten, helfen Sie ihm dabei, sich seiner selbst bewusst zu werden. Achten Sie hierbei auch einmal auf Ihren Atem und atmen ganz bewusst ein und aus. Oftmals synchronisiert sich der Atem von Mensch und Hund dann.

Wenn Sie Druck oder Zug Ihrem Hund gegenüber aufbauen, möchte dieser sich – hoffentlich – nicht irgendwo hindrücken lassen, sondern gegen diese Lageverschiebung im Raum angehen. Früher wurde vor allem im Pferdebereich viel über Druck oder Weichen gearbeitet. Wenn Ihr Hund – aus welchem Grund auch immer – die Erfahrung gemacht hat, dass es besser ist, Druck auszuweichen, müssen Sie wesentlich kleinschrittiger im Training vorgehen, damit er versteht, dass es darum geht, Gegendruck aufzubauen sowie um das Aushalten und Stehen- bzw. Liegenbleiben.

Entspannung

Isometrisches Training wird von einigen Trainern und Hundehaltern erfolgreich als entspannendes Element im Hundetraining genutzt. Das heißt, wenn Sie und Ihr Hund in einer aufregenden Situation sind, begeben Sie sich auf Höhe des Hundes, rufen die isometrischen Übungen ab (nachdem sie vorher aufgebaut wurden) und geben dem Hund dadurch eine gewisse Sicherheit. Dies hat auch ganz viel mit Körperbewusstsein zu tun. Bei Menschen würde man sagen: „Atmen Sie doch einmal tief durch". So können Sie Ihrem Hund helfen, zu sich zu kommen. Dies wurde teilweise sogar im Bereich der konditionierten Entspannung genutzt und dabei noch mit olfaktorischen Signalen wie z. B. Lavendel- oder Zirbengeruch kombiniert.

Proofing im Hundesport

Im Hundesport kann das isometrische Training sehr gut genutzt werden, um statische Positionen zu festigen. Es gibt im Hundesport bestimmte Positionen, die der Hund halten soll und durch sogenanntes „Overtraining" werden diese wahrnehmbarer für den Hund und zuverlässiger ausgeführt.

Exkurs: Overtraining

Beim Overtraining geht es darum, dass Sie Ihren Hund im Training in Situationen bringen, die er so in einer Prüfung oder einem Turnier gar nicht erleben würde, da sie krasser sind als das, was von ihm in der Prüfung erwartet wird. Das Schöne daran ist, dass Sie Ihren Hund nicht ins kalte Wasser werfen und überfordern, sondern die Situation Stück für Stück aufbauen. So können Sie zum Beispiel nach und nach mehrere Luftballons in ihr Training einbauen, von denen auch mal einer platzt (vorausgesetzt, Ihr Hund ist nicht geräuschempfindlich). Der auf diese Weise „übertrainierte" Hund wird später mit einem einzelnen Luftballon in der realen Welt keine Probleme haben.

So können Sie die isometrischen Übungen dazu nutzen: Wenn Sie möchten, dass Ihr Hund ein Steh zeigt, können Sie ihm das durch das Konzept des isometrischen Trainings besser verständlich machen. Sie fragen die Übung „Steh" ab und geben Ihr Ankündigungssignal „iso", um dann Druck aufzubauen. Die Situation des Gegenhaltens und aktiven Bleibens in der Position stärkt natürlich das Verständnis für die Position an sich. Nicht selten schaut man dabei in ein nahezu grinsendes Hundegesicht, das zu sagen scheint „du kannst so viel drücken, wie du magst, ich kenne meine Position!". So können Sie das isometrische Training vielfältig einsetzen und es ist wie bei vielem im Hundetraining: Wenn man eine gute Basis hat, kann man es für andere Dinge weiterverwenden.

Trainingseinheit

Für korrektes isometrisches Training sind folgende Punkte wichtig zu beachten:

- Das Ausführen einer korrekten Position ist sehr wichtig: Wenn man es zunächst aus dem Bereich Körperbewusstseinsschulung betrachtet, sollten Sie Ihren Hund nicht in einer inkorrekten Position bestätigen. Das bedeutet zum Beispiel, dass Ihr Hund im korrekten Sphinx-Platz liegt, also die Knie enganliegend am Körper und die Hüfte nicht umgekippt.

- Grundsätzlich ist es egal, wie sich Ihr Hund im Alltag hinlegt. Wenn Sie muskulär trainieren möchten, sollte die Position jedoch so nahe wie möglich an der physiologisch korrekten Ausführung sein. Das bedeutet ein Sphinx-Platz oder ein ausbalanciertes Steh. Wenn Ihr Hund dabei schon schief steht, ist dies nicht tragisch, Sie müssen es jedoch beachten und in Ihre Umsetzung integrieren und überlegen, was Sie beim nächsten Mal besser machen können. Insgesamt bedeutet das, dass eine korrekte Position sehr wichtig für isometrische Übungen ist, da Sie im Muskelgedächtnis Ihres Hundes kein falsches Bild verankern möchten.

- Kleinschrittiges Vorgehen ist wichtig. Grundsätzlich ist es gerade in diesem Bereich sehr wichtig, dass Sie den Hund Stück für Stück an die Übungen heranführen und ihn damit vertraut machen, was Sie von ihm möchten, da die Handlungen im Grunde durchaus manipulativ sind, wenn Sie Ihren Hund anfassen und Druck oder Zug aufbauen. Dies sollten Sie äußerst kleinschrittig aufbauen und den Hund sehr positiv damit vertraut machen, dass er es in Ordnung und gut findet anstatt nicht zu wissen, was mit ihm passiert.

- Für isometrisches Training braucht man Ruhe. Dies kann nur funktionieren, wenn Ihr Hund die Umwelt gewohnt ist und sich dort entspannen kann. Ein Hund, der unter Strom und Spannung steht, wie beispielsweise ein Jack Russell Terrier, der gerade ein Jagdobjekt entdeckt hat und von Haus aus schon mit hohem Muskeltonus ausgestattet ist, ist für isometrisches Training nicht zugänglich. Dementsprechend ist es wichtig, dass Sie eine gewisse Ruhe im Training haben und dass Ihr Hund sich zunächst entspannen, in sich hineinhören und dann auch Druck geben kann.

- 3-3-3 Sekunden Regel: Zusätzlich zu einem Ankündigungssignal, mit dessen Hilfe der Hund gesagt bekommt, um was es geht, ist es schön, nicht nur mit reinem Druck oder Zug auf Ihren Hund zuzukommen. Das bedeutet, der Druck wird langsam auf- und abgebaut: Sie bauen den Druck drei Sekunden auf, halte den Druck drei Sekunden, bauen den Druck drei Sekunden ab. Sie kennen vielleicht das Gefühl, wenn Sie in eine Richtung gedrückt und dann plötzlich losgelassen werden. Das ist ein Gefühl von Fallen oder Unsicherheit im Raum. Dies entspricht dem Effekt, den Sie vermeiden wollen und stattdessen Ihrem Hund Sicherheit und Ruhe geben. Dementsprechend ist der Druckaufbau etwas, bei dem Sie Ihren Hund begleiten möchten. Das heißt, Sie bauen den Druck auf, halten den Druck und lassen den Druck nach, bauen ihn also wieder ab.

- Druck/Zug: Hierbei sollten Sie genau beobachten, was passiert: Was macht Ihr Hund, wenn Sie Druck oder Zug aufbauen? Zeigt er einen Ausgleichsschritt, hält er dem Druck stand, findet er das Training unangenehm? Das hilft Ihnen viel und ist enorm wichtig. Tipp: Filmen Sie sich selbst, dabei sehen Sie Dinge, die Ihnen während der Umsetzung entgehen. Hunde kommunizieren ganz fein und sagen dem Menschen viel. Wenn Sie im Training in einer Position hinter Ihrem Hund stehen, bekommen Sie einiges nicht mit. Um das zu analysieren, können Sie Ihr Smartphone verwenden, filmen und nachträglich analysieren, was tatsächlich geschehen ist. Idealerweise kann das Training auch vor dem Spiegel stattfinden. Hier sehen Sie sich selbst und können sich in der jeweiligen Situation korrigieren.

Aufbau

Kurzer Überblick:

- Korrekte Position
  - Kann aufgebaut werden über:
    - » ein Podest
    - » das Bucket-Game
- Annäherung belohnen
- Berührung belohnen
- Schrittweise Druck / Zug aufbauen
- Gegenhalten belohnen (Druck und Gegendruck)
- Ankündigungssignal etablieren
  - Grundsätzliches Ankündigungssignal (z. B. „Iso"):
    - » Sagt dem Hund, dass er angefasst wird und Gegendruck aufbauen soll
    - » Hunde verstehen das Konzept mit grundsätzlichem Signal gut
  - Spezifisch (z. B. „Schulter"):
    - » kann spezifisch über Körpertargets ausgebaut werden, indem die einzelnen Körperteile benannt werden

Korrekte Position

Ihr Hund sollte ausbalanciert und einigermaßen gerade ausgerichtet sein. Seine Position kann „Sitz", „Platz" oder „Steh" sein. Die Position, die Ihr Hund einnimmt, sollte jedoch korrekt sein. Es gibt isometrische Übungen, bei denen es mit der korrekten Position spannend ist, als Beispiel: Wenn Ihr Hund auf dem Rücken liegt, die Pfoten in die Luft streckt und Sie von oben Druck geben (und dem Hund das Signal geben, Gegendruck auszuüben), können Sie die Schultermuskulatur und den kompletten Bereich der Vorhand stärken. In dieser Position ist es schwieriger, aber auch hier gilt: so exakt, ausbalanciert und so physiologisch, wie in diesem Bereich möglich.

Bei der korrekten Position kann auch mit Erhöhungen gearbeitet werden. Als Beispiel: Ein gesunder, fitter Hund ist zum Beispiel aufgrund von gelösten Verspannungen muskulär nicht gut ausbalanciert und die Hinterhand ist nicht gut bemuskelt. Dieser Hund kann vorne einige Zentimeter erhöht gestellt werden und es können an der Hinterhand zusätzlich isometrische Übungen durchgeführt werden. Man übt dabei Druck auf die rechte oder linke Hüfte aus oder zieht den kompletten Bereich nach hinten, der Hund muss somit nach vorne gegenhalten. Dies ist eine schöne Übung für älter werdende Hunde, da mit dem Älterwerden ein Muskelschwund einsetzt. Dieser tritt meist vermehrt an der Hinterhand auf, da Hunde prozentual wesentlich weniger Gewicht auf der Hinterhand tragen und diese dementsprechend ein Punkt ist, an dem Muskelaufbau am wenigsten wehtut.

Eine Erhöhung soll dazu dienen, Ihrem Hund eine optische Hilfe zu geben und ihn auf einen Bereich zu bringen, der so groß ist wie er selbst und auf dem er möglichst wenig Spiel hat. Dies sollte zuerst im Stehen stattfinden. Hierfür eignet sich ein Brett oder Dog Stepper. Die Dog Stepper sollten Sie so bauen, dass Ihr Hund gut ausbalanciert darauf stehen kann, aber nicht zu viel Platz nach vorne hinten oder zur Seite hat. Hier können Sie mit ihm die korrekte Position erarbeiten, damit er schön ausbalanciert steht.

Isometrisches Training hat beim stehenden Hund den höchsten Effekt. Der Hund muss im Steh am meisten ausbalancieren. Im Platz kann der Hund mehr ausgleichen (z. B. über den aufliegenden Brustkorb). Jedoch sind alle Positionen legitim, es kommt darauf an, was Sie mit Ihrem Hund erreichen möchten. Wenn Ihr Hund beispielsweise den Welpensitz zeigt, also die Knie nicht an den Körper anlegt, sondern nach außen zeigen lässt, ist es sinnvoll, den Hund korrekt sitzen zu lassen.

Bucket Game

Das Bucket Game schließt nicht nur das korrekte Halten einer Position ein, sondern auch eine Kooperationseinwilligung. Für das isometrische Training ist das von Chirag Patel populär gemachte Konzept Gold wert.

Das Bucket Game ist eine Übung, bei der Ihr Hund dafür belohnt wird, dass er sich auf einen Behälter („Bucket"), also seine Leckerlischüssel, konzentriert. Er wird auch aus dieser Schüssel belohnt. Und zwar dafür, dass er den Blick zur Schüssel wendet und seine Position hält. Das Bucket Game ähnelt den Fokus-Übungen (vgl. S. 35.), mit dem Unterschied, dass es immer statisch ausgeführt wird.

Spannend ist, dass Sie – wenn Sie das Bucket Game Schritt für Schritt etablieren – erkennen können, dass die Konzentrationsspanne Ihres Hundes zu Ende ist oder die Ablenkung um ihn herum zu groß wird. Das zeigt Ihr Hund dadurch, dass er sich von der Futterschüssel abwendet. Nehmen Sie dieses Kommunikationsangebot Ihres Hundes wahr und übergehen es nicht. Holen Sie ihn aus der Situation bzw. stoppen die momentane Übung. Aufgrund dieser Mitteilungsmöglichkeit wird das Bucket Game unter anderem auch im Medical Training sehr gerne als Kooperationssignal genutzt. (Beispiel Fiebermessen,

Sein Frauchen zeigt Cooper, dass Kekse in der Schüssel sind, während er verharrt.

Cooper fokussiert die grüne Futterschüssel...

Ohrenuntersuchung, Augentropfen geben). Dies ist für Hunde oftmals unangenehm und sie zeigen aktiv, wie lange ein Durchführen der Maßnahme zumutbar ist.

Anfassen, Druck oder Zug aufbauen ist ebenfalls ein eingreifendes Verhalten Ihrerseits. Mit diesem Bewusstsein können Sie feinfühliger mit Ihrem Hund arbeiten.

Zudem ist das Bucket Game ist auch insofern nützlich, dass es einen Fixpunkt nach vorne bietet und Sie selbst rund um den Hund arbeiten können, sich also freier bewegen können. Sollte Ihr Hund das Bucket Game noch nicht kennen, müssen Sie es getrennt von der Annäherung und tatsächlichen Berührung aufbauen.

Zunächst wird beim Bucket Game eine Position aufgebaut, zum Beispiel das Stehen. Diese können Sie im weiteren Verlauf durch andere Positionen ersetzen, das Ziel ist immer ein Hund, der sich nicht bewegt. Im Idealfall bedeutet das Bucket Game Folgendes für Ihren Hund: „Fokussiere dich auf den Futterbehälter, währenddessen passiert etwas und du wirst belohnt. Hörst du auf, dich zu fokussieren, hört dein Mensch mit dem auf, was er tut."

... und wird dafür belohnt.

Das Bucket Game funktioniert auch im Liegen.

Übungsschritte:

1. Halten Sie einen „Bucket“, also einen kleinen Napf oder eine Schüssel bereit, in den Sie Leckerli füllen. Zusätzlich können Sie hier mit dem statischen Keep-Going-Signal arbeiten, wenn dies etabliert ist, ansonsten nutzen Sie Clicker oder Lobwort.

2. Naturgemäß wird Ihr Hund an der Schüssel interessiert sein. Dieses Interesse clicken Sie und füttern ihn aus der Schüssel.

3. Vermeiden Sie unbedingt negative Einwirkungen wie „na“ oder „nein“ – wählen Sie den Abstand zwischen Hund und Schüssel so, dass Ihr Hund es schaffen kann, nur zu schauen.

4. Bewegen Sie die Schüssel nach rechts oder nach links, nach oben und nach unten. Clicken Sie den Blickkontakt zur Schüssel und füttern hier heraus.

5. Gehen Sie nun Schritt für Schritt dazu über, die Schüssel in erreichbarer „Klau-Nähe“ Ihres Hundes zu platzieren. Belohnen Sie ihn kleinschrittig für das geduldige Warten.

6. Das Ziel der Übung ist ein an sich regungsloser Hund, der nur mit dem Kopf der Schüssel folgt. Haben Sie dies beim Training im Kopf und helfen Ihrem Hund ggf. zunächst durch ein zusätzliches Signal oder eine optische Hilfe wie die Plattform.

7. Generalisieren Sie das „Bucket Game“ an unterschiedlichen Orten und in unterschiedlichen Positionen.

Annäherung und Berührung

Es ist sehr wichtig, dass Sie hier besonders langsam und kleinschrittig vorgehen, auch wenn Ihr Hund schon von Welpe an bei Ihnen ist. Es ist für Hunde etwas anderes, wenn es sich um eine Trainingssituation handelt und Belohnungen mit im Spiel sind. Auch wenn Sie das Gefühl haben, es sei für Ihren Hund unproblematisch, gehen Sie bitte bedächtig vor.

Versuchen Sie, an unproblematischen Stellen zu beginnen – zum Beispiel Brust, Schulter oder Hüfte. Ungewohnter wären Rücken oder Bauch. Auch die Hüfte kann teilweise schon ungewohnt sein, kann aber auch dabei helfen, die Handlung abzugrenzen, um nicht in normales Kraulen zu rutschen. Hier sollten Sie für sich darauf achten, dass Sie klar festgelegt haben, was Sie möchten und wo Sie beginnen.

Auch bei der Annäherung ist es wichtig, dass Ihr Hund lernt, dass er seine Position hält, egal was um ihn herum gerade passiert. Hier ist ebenfalls das sogenannte „Overtraining“ möglich. Beispielsweise indem Sie Ihre Hand ganz nach oben nehmen, bevor Sie an die Schulter Ihres Hundes fassen. Diese Bewegung ist bewusst so deutlich ausgeführt, um Ihrem Hund zu zeigen, dass etwas mit der Hand passiert beziehungsweise dass sich Ihre Hand nähert. Das langsame Annähern wird in der Praxis schnell unter den Tisch fallen gelassen und die Hunde sind überfordert. Eine gute Basis, also lieber langsam und gut aufbauen, ist sehr wichtig und Sie haben letztendlich mehr davon.

Ursprünglich wurde das Bucket Game für Handling-Übungen aus dem medizinischen Bereich „erfunden“, aber es ist auch wunderbar für isometrisches Training nutzbar.

Berührung und Ankündigungssignal

Die erste Berührung sollten Sie kurz, aber nicht flüchtig durchführen, sodass sich Ihr Hund nicht erschrickt. Die Dauer sollte schrittweise verlängert werden. Nähern Sie sich ganz bewusst an und belohnen Ihren Hund für das Halten der Position, obwohl sich Ihre Hand annähert.

Vor allem, wenn Sie nicht mit dem Bucket Game arbeiten und Ihr Hund die gewünschte Position (Positionssignal) kennt, ist ein Ankündigungssignal umso wichtiger. Beim Bucket Game ist es nicht ganz so wichtig, da es selbst quasi eine Einverständniserklärung ist und Ihr Hund durch den Aufbau lernt, auszuhalten und durch das Abwenden deutlich machen kann, dass er nicht mehr kann.

Beim Positionssignal, z. B. „Platz", findet nicht immer eine Manipulation statt, daher ist es wichtig, dass Sie Ihrem Hund ein Feedback geben und er die Möglichkeit hat, sich darauf einzustellen.

Wenn Sie die Berührung bereits etablieren konnten, fangen Sie damit an, Stück für Stück ein wenig Druck aufzubauen. Dieses Druckaufbauen machen Sie so minimal, dass Ihr Hund nicht weicht und im Idealfall nicht aus der Position geht. Es kann jedoch durchaus passieren, dass Ihr Hund selbst bei minimalem Druck die Position verlässt. Das ist nicht schlimm, dann starten Sie einfach von vorne und gehen noch vorsichtiger vor.

Wenn Ihr Hund gelernt hat, den Gegendruck ein bisschen zu halten, beginnen Sie, das Ankündigungssignal zu sagen. Das bedeutet, wenn Ihr Hund den Gegendruck hält, sagen Sie zum Beispiel „Iso". Wenn Ihr Hund das toleriert, können Sie anfangen, das Signal früher zu sagen. Das heißt, Sie sagen Ihr Wortsignal in die Handlung, die der Hund ausführt, hinein und sagen es dann schrittweise immer früher. Somit ist es ist zu Beginn noch kein Ankündigungssignal, sondern ein Begleitsignal, das zum Ankündigungssignal wird. Der Grund dafür ist Folgender: Würden Sie zuerst das Signal sagen und Ihren Hund danach berühren, könnten Sie ihn im Zweifel erschrecken und dann eher das Gegenteil von dem etablieren, was Sie eigentlich möchten: einen entspannten Hund, der weiß, was kommt und Gegendruck geben soll. Würde man zu Ihnen etwas auf Japanisch sagen und

Sie dann berühren, würden Sie vermutlich eher erschrecken. Hier ist es so, dass der Hund die Übung vorwegnehmen soll beziehungsweise kann. Dies merkt man manchmal auch daran, wenn Hunde sich je nach Handposition dagegen lehnen.

Besondere Bedeutung für Senioren und Junioren

Senioren und Junghunde haben eines gemeinsam: Bewegung ist oftmals ein Problem. Bei den einen ist sie vielleicht schmerzhaft, bei den anderen oft unkontrolliert. Dementsprechend ist Bewegung bei beiden manchmal problematisch und es kann helfen, im Bereich des Körperbewusstseins eine Verbesserung zu etablieren.

Senioren

Durch einen verlangsamten Stoffwechsel entsteht Muskelschwund, oftmals im Bereich der Hinterhand. Durch normales Spazierengehen mit Ihrem Hund sprechen Sie diesen Bereich nicht unbedingt an. Je nach Rasse trägt ein Hund ungefähr 60 % seines Körpergewichtes auf der Vorderhand und nur 40 % hinten. Wenn bereits Muskelschwund stattfindet, nimmt der Hund automatisch mehr Gewicht nach vorne. Hier können Sie sehr gut gegenwirken. Zudem kommen mit zunehmendem Alter oftmals Gelenkprobleme und arthrotische Veränderungen hinzu. Findet das isometrische Training im Liegen statt, können Sie Ihren Hund durchbewegen und ermöglichen damit eine Gelenksbewegung, jedoch ohne den Nachteil, den Sie im normalen Bewegungsumfang haben, bei dem zusätzlich das Gewicht getragen werden muss. Wenn Ihr Hund liegt, lastet nicht das komplette Gewicht auf ihm, Sie können ihn entsprechend lagern und die Stoffwechselabbauprodukte durch das passive Bewegen sozusagen ausspülen.

Junghunde

Bei Junghunden ist die Eigenwahrnehmung oftmals noch nicht ideal und das Erlernen von Ruhe eine große Entwicklungsaufgabe. Dies ist sehr wichtig, da viele Junghunde zum Überdrehen neigen. Isometrisches Training ist eine gute Möglichkeit, Ihren Hund dabei zu unterstützen, Begrenzungen wahrzunehmen, die selbstverständlich positiv aufgebaut wurden.

Es hat außerdem dem tollen Effekt, Ihrem Hund das Anfassen beizubringen (Medical Training, Tierarzt etc.). Isometrische Übungen sollten Sie jedoch getrennt von Medical Training und Tierarztsituationen trainieren, damit diese sich nicht gegenseitig negativ beeinflussen. Dafür eignen sich Ortswechsel gut, hier können Sie ähnliche Dinge üben, aber ganz klar einen Fokus setzen.

Unterschiedliche Beispielübungen

In der folgenden Übersicht sehen Sie die prominentesten Ansatzpunkte für isometrische Übungen.

- **Druck auf Schulterblatt (beidseitig vorhanden):**
  Hier können Sie einseitig Druck geben, jedoch abwechselnd auf beiden Seiten

- **Druck auf ganzen Brustbereich:**
  Sie geben mit beiden Händen Druck von vorne.
  Sie stehen hinter dem Hund und ziehen nach hinten, d.h. Sie können hierbei die ganze Schultermuskulatur und den gesamten vorderen Vorhandbereich stärken und kräftigen.

- **Druck auf Hüfte (entsprechendes Pendant zum Brustbereich – beidseitig vorhanden):**
  Beide Punkte (Schulterblatt und Hüfte) können Sie diagonal über den Rücken kombinieren.

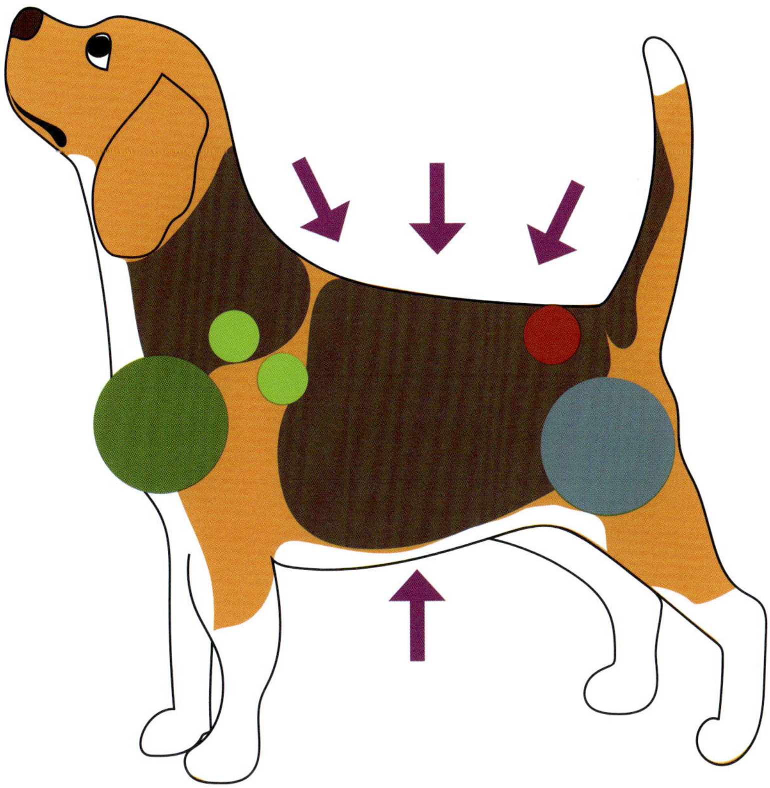

● **Zug nach hinten (mit kompletter Hinterhand):**
hier können Sie nach hinten ziehen: Oberschenkel umfassen, nach hinten ziehen, Ihr Hund muss gegenhalten. Gut bei Hunden mit Schrittverkürzung. Muss gut etabliert sein, sonst gibt Ihr Hund einfach nach und geht aus der Position.

↑ **Druck auf Unterbauch / Druck auf den Rücken:**
(sanfter) Druck im Unterbauch ergibt einen schönen runden Rücken
Druck auf dem Rücken nach unten trainiert den Bereich der Bauchmuskulatur
Dies können Sie beides schräg von vorne und schräg von hinten durchführen.
Wichtig ist, dass Ihr Hund sich wohlfühlt und gerne mitarbeitet.

Fotos zu den in der Grafik beschriebenen Übungen:

Druck auf Brust:

Gerade unruhigen Hunden fällt die Übung „Druck auf Brust" im Liegen zunächst einfacher. Laika liegt hier etwas gekippt, das ist zum Kennenlernen des isometrischen Trainings in Ordnung, sollte aber künftig verbessert werden.

„Druck auf Brust" im Sitzen erfordert mehr Balance als im Liegen.

„Druck auf Brust“ funktioniert auch im Stehen.

Zug nach hinten – Hinterhand:

Cora steht schön parallel und richtet ihren Fokus nach unten, während Frauchen an Ihrer Hinterhand Zug aufbaut.

Druck auf Schulter:

Cooper fällt es mit Hilfe des Bucket Games einfacher, still zu verharren.

Druck auf Hüfte:

Im Liegen ist die Balanceleistung nicht so intensiv, deswegen bietet sich diese Position für unerfahrene Hunde an.

Druck diagonal – Schulter und Hüfte:

Diese Übung ist ideal für eine intensive Selbstwahrnehmung, da Ihr Hund von Ihnen „gehalten" wird. Zudem trainiert sie den langen Rückenstrecker und sorgt so für ein zusätzliches Wohlfühlprogramm.

Schwierigkeitsgrad erhöhen

Um den Schwierigkeitsgrad des isometrischen Trainings zu erhöhen und mehr Balance, Eigenwahrnehmung und Muskelaufbau zu schaffen, können Sie Fitnessequipment nutzen. Dies ist jedoch nicht unbedingt nötig, da Sie mit dem isometrischen Training auf dem Boden schon ganz viel trainieren können. Aber Sie können Ihrem Hund, wenn Sie mit den Geräten arbeiten, bewusst machen, dass es Ihnen darum geht, die jeweilige Position zu halten. Ein Hund, der isometrisches Training kennt, kann seine Position auf dem Fitness-Equipment einfacher halten, wenn Sie dies dabei zusätzlich abfragen. Hierbei ist zu sagen, dass auch Gewichtsverlagerungen im Grunde statische Kraftübungen sind. Für gezielte Fitness-Ideen finden Sie im Anhang Buchreferenzen.

Körpertargets

Der Begriff Körpertarget umfasst, dass Ihr Hund sich aktiv in die gewünschte Position an Ihrer Hand oder einem Handersatz, zum Beispiel einer Fliegenklatsche, anschmiegt. So würde er sich z. B. beim Signal „Hüfte“ auf Ihre verharrende Hand zubewegen und selbstständig Druck aufbauen. Im Prinzip sind Körpertargets somit eine Weiterentwicklung der isometrischen Übungen.

Übungsschritte:

1. Prinzipiell lässt sich jede isometrische Übung als aktiver Körpertarget weitertrainieren – das heißt Sie sollten eine bereits gut etablierte isometrische Übung als Ausgangspunkt nutzen und diese auffrischen.

2. Haben Sie diese zwei bis drei Mal trainiert, fangen Sie nun an, Ihre Hand zwar auf die entsprechende Körperstelle zu legen, aber noch keinen Druck aufzubauen. Geben Sie Ihrem Hund die Chance, das selbstständig zu tun.

3. Dieses Druckaufbauen Ihres Hundes honorieren Sie mit Ihrem statischen Keep-Going-Signal und Leckerlis.

4. Gehen Sie sehr langsam vor und geben Ihrem Hund Zeit nachzudenken. Zögert er oder erscheint ratlos, helfen Sie nach, indem Sie wieder die leitende Rolle übernehmen und Druck aufbauen.

5. Lassen Sie Ihrem Hund Zeit, hieraus kann durchaus ein Wechselspiel entstehen. Erst wenn Ihr Hund eine Idee hat, sollten Sie dazu übergehen, Ihre Hand auch etwas weg von ihm zu platzieren.

6. Führen Sie ein für die Körperstelle spezifisches Wortsignal ein und generalisieren die Übung an anderen Orten.

7. Erst dann starten Sie mit dem Training eines nächsten Körpertargets.

Cooper läuft selbstständig die Hand von Frauchen an.

3.

Cavalettitraining

Das Cavalettitraining kommt, genau wie die Bodenarbeit an sich, ursprünglich aus dem Pferdesport. Ursprünglich war es dazu gedacht, dass die Pferde mehr Sprungkraft entwickelten, indem sie über eine Stange oder einen kleinen Bock (italienisch „cavaletto", „Cavaletti" sind also mehrere Stangen) sprangen. Schnell wurde jedoch auch die Bedeutung für Gangschulung, Taktentwicklung und Koordination entdeckt.

Cavalettitraining ist für jeden Hund gut geeignet und kann wirklich sehr vielseitig eingesetzt werden. Dabei kann man einzelne Stangen nutzen, über die der Hund entweder seitlich, vor oder zurück laufen soll, oder mit einer ganzen Stangenserie in unterschiedlichen Höhen arbeiten. Cavalettitraining verbessert die Gelenkbeweglichkeit, fördert ein physiologisches Gangbild, wirkt dadurch dem Passgang vor und trainiert die Koordination. Die Cavalettistangen können als eigene Bodenarbeitsaufgabe verstanden oder mit anderen Aufgaben kombiniert werden. Hierbei sind nur die physische und psychische Ermüdung des Hundes die limitierenden Faktoren.

Im Folgenden werden zunächst reine Cavaletti-Übungen vorgestellt.

Voraussetzungen für das Cavalettitraining

Welche Voraussetzung für das Training sind sinnig? Egal, ob Sie mit mehreren Stangen oder auch nur mit einer Stange arbeiten: Grundsätzlich brauchen Sie ein ruhiges Umfeld, denn ein gewisses Maß an Konzentration ist erforderlich. Gerade für unruhige Hunde ist das Training mit den Cavaletti gewinnbringend, da Sie gerade mit diesem Training die ruhige, konzentrierte und koordinierte Arbeit des Hundes fördern können. Stellen Sie sich jemanden vor, der eher unruhig und schludrig ist, dann ist dieser jemand meistens auch weniger koordiniert und hat ein schlechteres Körpergefühl. Beim Hund resultiert daraus auch wenig Bewusstsein für das Setzen der Pfoten. Daher empfehle ich bewusst, auch mit unruhigen Hunden die Arbeit an den Cavaletti zu üben. Alle Hundehalter, die diese Herausforderung meistern, wissen danach, was sie erreicht haben. Der Trainingseffekt für schlecht koordinierte Hunde ist ungemein größer.

Grundsätzlich benötigen Sie im Training einen vorwärts abwärts fokussierten Hund! Der Begriff „vorwärts-abwärts" stammt ursprünglich auch aus dem Pferdetraining und passt auch beim Cavalettitraining mit dem Hund wunderbar. Einen Hund, der seitlich zu seinem Besitzer schaut, können wir bei diesem Training nicht gebrauchen. Durch den seitlichen Blick würde der Hund nur einseitig belastet, der Rücken würde sich seitlich biegen und der Hund ist nicht mehr gerade in seinen Bewegungen. Nur ein vorwärts-abwärts fokussierter Hund kann in seinen Bewegungen frei schwingen und seine Extremitäten frei nach vorne und hinten bewegen.

Im Bereich der Bodenarbeit können Sie mit dem Fokus Ihres Hundes dann gezielt spielen und bewusst auch einmal Blickkontakt abfragen, allerdings nicht für den ursprünglichen Zweck des Cavalettitrainings.

Zu Beginn arbeitet man auch auf ebenem Untergrund, damit der Fokus der Übung zuerst auf dem Überschreiten der Stange liegt. In weiteren Schritten können Sie das Cavalettitraining schwieriger gestalten, indem Sie mit unterschiedlichen Untergründen wie Sand oder Rindenmulch oder sogar mit sensomotorischen Hilfsmitteln wie Fußmatten mit Noppen aus der Ergotherapie arbeiten. Für die Steigerung der Schwierigkeitslevel sollten Sie zunächst jedoch die Basisaufgaben gut ausgearbeitet haben, damit Sie Ihren Hund nicht überfordern.

Trainingsaufbau

Idealerweise sollte sich der Rücken Ihres Hundes beim Cavalettitraining leicht aufwölben und sich dadurch die Wirbel und deren Dornfortsätze öffnen. Genau dieses Öffnen möchten Sie erreichen, idealerweise während der Vorwärtsbewegung. Leider sieht man jedoch öfter genau das Gegenteil: Der Kopf des Hundes kommt hoch, dadurch geht der Rücken ins Hohlkreuz, was man auch als „Wegdrücken“ bezeichnet. Im Alltag zeigen kleine Hunde diese Körperhaltung oft, da sie, um ihre Menschen wahrnehmen zu können, den Kopf sehr hoch heben müssen. Dem können Sie gezielt mit Konterübungen entgegenarbeiten, indem Sie Ihrem Hund gezielt beibringen, den Kopf nach vorne-unten zu nehmen, unter anderem auch mit der Fokus-Übung „unten“.

Trainingsziele

Koordination und Konzentration

Ermitteln Sie zunächst den optimalen Stangenabstand, indem Sie vom oberen Schulterblattrand bis zum Boden messen, also das Stockmaß Ihres Hundes bestimmen.

Da Sie eine Orientierung nach vorne weg erzielen möchten, nutzen Sie zwei Pylonen und etablieren zunächst das Laufen einer Acht um diese herum. Belohnen Sie dabei das ruhige, konzentrierte Laufen und arbeiten mit zunächst noch eng beieinander stehenden Pylonen. Wenn Ihr Hund in gleichmäßigem Trabtempo von Pylone A zu Pylone B läuft, bauen Sie eine Stange mittig ein, dann zwei, dann vier und am Ende sechs Stangen. Die Stangenhöhe sollte die

Höhe des Sprunggelenkes Ihres Hundes nicht überschreiten (unterste Stufe der Pylone, im Zweifel Pylone umlegen). Ihr Hund sollte dabei im lockeren Trab über die Stangen gehen und keinesfalls springen.

Alternativ können Sie mit Bodentargets arbeiten. Bodentargets beinhalten immer eine Stop-and-Go-Bewegung, die aber bei manchen Hunden sinnig sein kann, die zum Beispiel beim Umrunden der Pylonen zu viel Geschwindigkeit aufnehmen würden. Und das bewusste Überschreiten der Stangen liegt ja im Fokus.

Das Umrunden zunächst nur einer Pylone. Beachten Sie, wie sehr sich Ivy in die Kurve legt.

Das Umrunden der Pylonen in einer Acht mit drei Cavaletti in der Mitte. Ist die Grundübung etabliert, können Sie die Anzahl der Cavaletti variieren.

Wunderschöner Fokus nach vorne: So sieht Cavalettiarbeit aus, bei der die Wirbelsäule des Hundes frei schwingen kann.

③

④

Krafttraining: Erhöhte Koordination

Um in den Kraftbereich zu gehen, sodass Ihr Hund richtiggehend nach oben schreitet, müssen Sie die Stangen sehr eng (ca. ein Handbreit zwischen den Pylonen) und ein Loch in der Pylone (mindestens zwischen Sprunggelenk und Knierückenbeuge) höher stellen. Der Hund geht kontrolliert im Schritt. Diese Variante ist sehr anstrengend, sowohl mental als auch physisch und sollte nicht oft wiederholt werden.

Verschiedene Cavaletti-Figuren

Für die folgenden Ideen sollte Ihr Hund schon mit dem Übersteigen von Cavaletti vertraut sein. Einige erfordern ein Führen Ihrerseits, andere kann Ihr Hund auch selbstständig abarbeiten.

- **Treppenform**
  Bei dieser Variante muss Ihr Hund sich unwillkürlich biegen. Diese Flexion der Wirbelsäule erfordert eine erhöhte Koordinationsleistung.

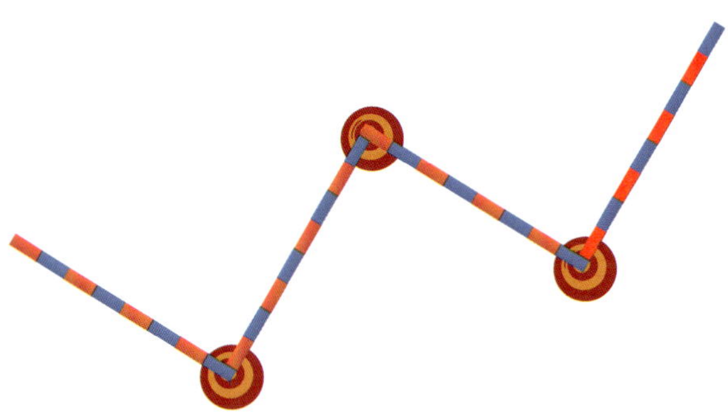

- **Stangenmikado**

Die Cavaletti-Stangen liegen kreuz und quer, d. h. Ihr Hund muss sich sehr konzentrieren und koordinieren. Gerade unruhigen oder jungen Hunden tut diese Variante sehr gut, um sich selbst bewusster zu werden.

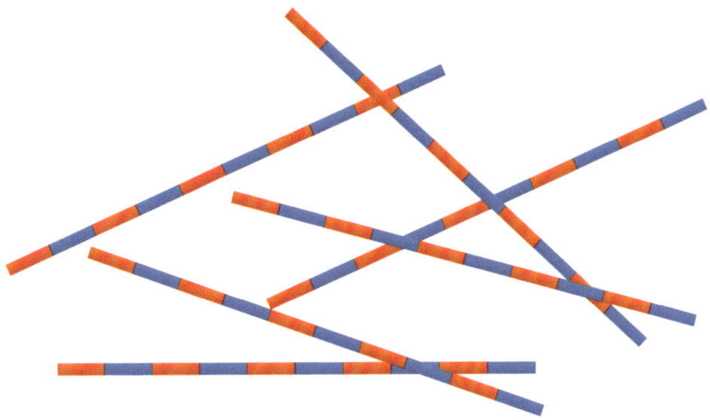

- **Sternform**

Die Sternform arbeitet mit spitzen Winkeln und erschwert die Anforderungen nochmal im Vergleich zur Treppenform.

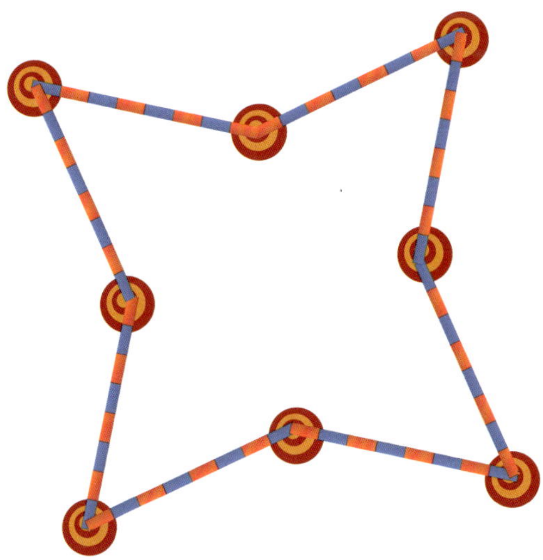

- **Liegende Acht über Stange**

Hier ist ein sehr enges Umwickeln der Cavaletti-Pylonen nötig und gleichzeitig ein Überschreiten der Stange in deren Mitte. Vorsicht bei hibbeligen Hunden, diese Übungen verleitet zu schnellem Abarbeiten – ein Effekt, der bewusst nicht gewollt ist.

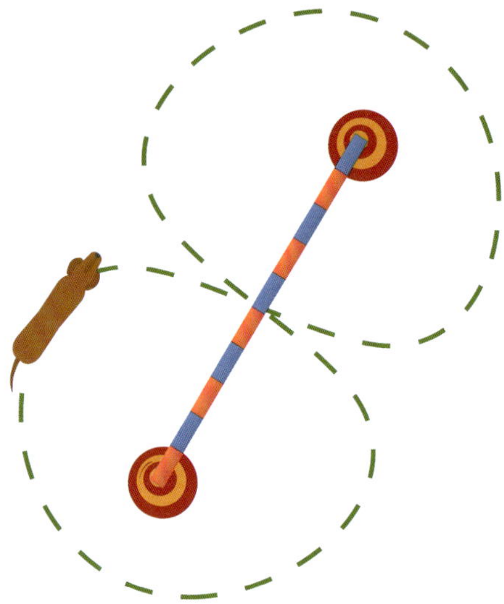

- **Unterschiedliche Abstände**

Unterschiedliche Abstände ansonsten parallel angeordneter Cavaletti führen zu einem großen Konzentrations- und Koordinationsaufwand. Wichtig ist dabei, dass Ihr Hund schon gut ausbalanciert ist, sonst ist diese Variation zu anstrengend.

- **Quadrat**

Auch beim quadratischen Aufbau der Cavalettistangen ergeben sich sehr viele Variationsmöglichkeiten, so können Sie zum Beispiel außen herum einen Kreis laufen etc.

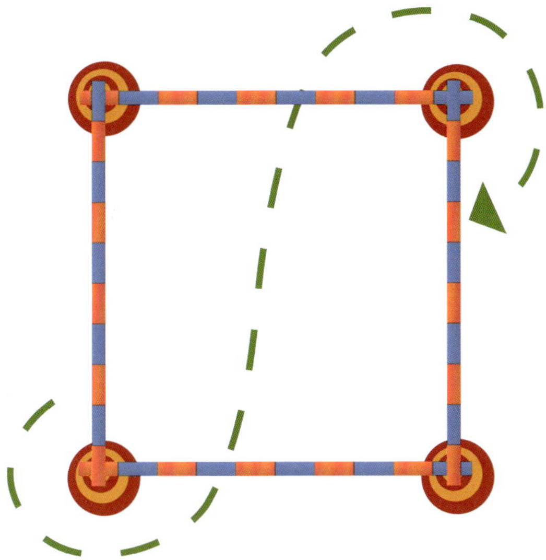

- **Hoch / Tief**

Bei dieser Variante sind die Cavaletti abwechselnd hoch und niedrig gesteckt, ggf. noch innerhalb einer Stange schräg rechts im hohen Loch und links im tiefen. So sucht sich Ihr Hund seinen geschicktesten Weg.

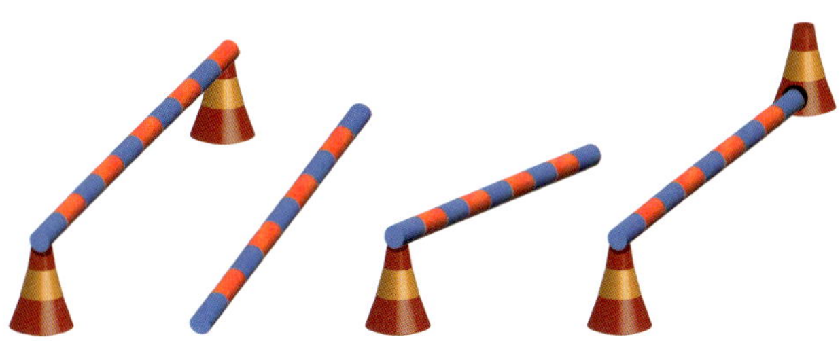

Arbeit mit einzelnen Stangen

Bei den Ein-Stangenübungen wird der Fokus gezielt auf Einzelbewegungen und Bewegungsrichtungen gesetzt, das heißt das Setzen einzelner Beine wird in den Fokus gerückt. Beispielsweise soll nur ein Hinterbein vor- und / oder zurückgesetzt werden oder auch seitwärts bewegt werden.

Seitlich über eine Stange

Das Seitwärtsgehen über eine Stange ist eine großartige Übung für die Gymnastizierung Ihres Hundes und koordinativ sehr anspruchsvoll. Grundsätzlich können Sie beim seitlichen Überschreiten auch mit mehreren Stangen arbeiten. Achten Sie hier jedoch auch auf die Abstände, damit diese nicht zu groß werden und Ihr Hund weiter sauber arbeitet anstatt hektisch zu werden. Fixieren Sie die Stange nur auf einer Seite und legen Sie die andere Seite auf dem Boden auf. Dann parken Sie Ihren Hund so über der Stange ein, dass er mit jeweils einer Vorderpfote und einer Hinterpfote auf einer Seite der Stange steht. Ihr Hund steht dann also mit den rechten Pfoten auf der rechten Seite

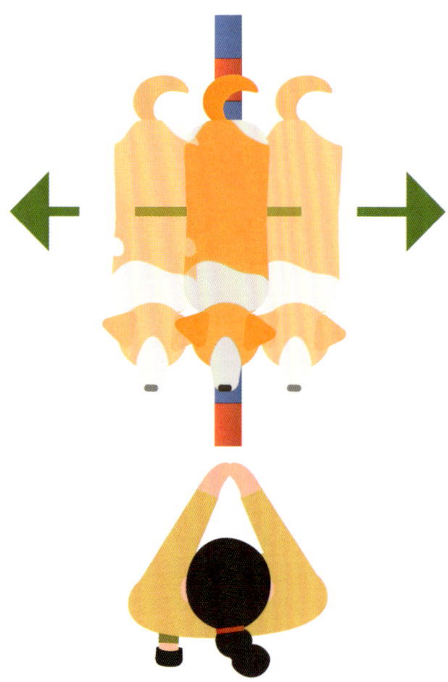

der Stange und mit den linken Pfoten auf der linken Seite der Stange. Mit dieser Ausgangsposition kann Ihr Hund fast keinen Fehler machen.

Übungsschritte:

Variante 1 – Vorwissen fürs Seitwärtsgehen:

Falls Ihr Hund bereits seitwärts gehen kann oder den Elefantentrick - also das Drehen um die eigene Achse auf einer Erhöhung für die Vorderhand - kennt, üben Sie den Elefantentrick oder das Seitwärtsgehen zunächst unabhängig von der Cavalettistange zwei bis drei Mal. Danach fragen Sie das Verhalten neben der am Boden liegenden, gesicherten Cavalettistange ab und belohnen Ihren Hund fürstlich, wenn er über die Stange steigt. Dann können Sie die Stange Schritt für Schritt erhöhen. Die Stange sollte maximal so hoch liegen wie das Sprunggelenk Ihres Hundes.

Variante 2 – Bodentarget:

Wenn Ihr Hund den Pfotentarget kennt, können Sie mit zwei Pfotentargets arbeiten, die Sie rechts und links neben der Stange platzieren. Beginnen Sie zunächst mit nur einem Target. Das heißt, dass Ihr Hund neben der Stange steht und wiederum daneben liegt ein Pfotentarget. Bitten Sie Ihren Hund auf den Pfotentarget und clicken Sie für das Übersteigen mit der Vorderhand. Für den alleinigen Effekt auf die Schultermuskulatur wäre das Übersteigen rein mit der Vorderhand ausreichend, für den Ganzkörpereffekt ist das komplette Übersteigen sinnvoll.

Variante 3 – Handtarget:

Kennt Ihr Hund weder Pfotentarget noch Seitwärtsgehen, können Sie sich mithilfe des Handtargets behelfen. Zunächst helfen Sie Ihrem Hund über das Cavaletti, indem Sie Ihrem Hund den Handtarget direkt neben der Stange anbieten.

Hier sieht man schön das mit dem Handtouch geführte Übertreten der Stange. Dabei ist der Hund zwischen der Stange zunächst so „eingefädelt“, dass jeweils zwei Pfoten rechts und zwei Pfoten links davon stehen.

Kennt der Hund die Übung bereits, kann man nun neben der Stange starten.

Tritt er mit einer Pfote dabei über die Stange, clicken und belohnen Sie dies. Dann gehen Sie etwas weiter von der Stange weg und belohnen den nächsten Schritt. Zunächst darf Ihr Hund hierfür auch von vorne übertreten. Nun achten Sie darauf, dass Ihr Hund seitwärts übertritt. Das erreichen Sie durch eine veränderte Positionierung Ihrer Hand. Schon beim Heranführen an die Übung können Sie sich und Ihren Hund ideal positionieren, indem Sie sich rückwärtslaufend nähern und er bereits parallel an die Stange herantritt.

Vorwärts-Rückwärts über Stange steigen

Diese Übung macht Ihrem Hund sehr detailliert die Koordination seiner Hinterbeine bewusst. Sie kann insbesondere bei „Abräumern", also Hunden, die nicht auf die Stangen achten, vorgeschaltet werden, bevor Sie mit mehreren Cavaletti arbeiten. Achten Sie bei dieser Übung unbedingt darauf, dass sich das Set-Up deutlich von dem des Seitwärtstretens über Cavaletti unterscheidet, damit Ihr Hund die Chance hat, beide Übungen klar voneinander abzugrenzen. Zum einen können Sie dies über eine örtliche Trennung erreichen, indem Sie die eine Übung z. B. immer im Turnkeller üben, die andere immer draußen. Weiterhin können Sie mit unterschiedlichem Equipment arbeiten und diese Übung immer mit einer Hürde trainieren, die anderen beispielsweise mit den Stangen des Dog-Steppers.

Übungsschritte:

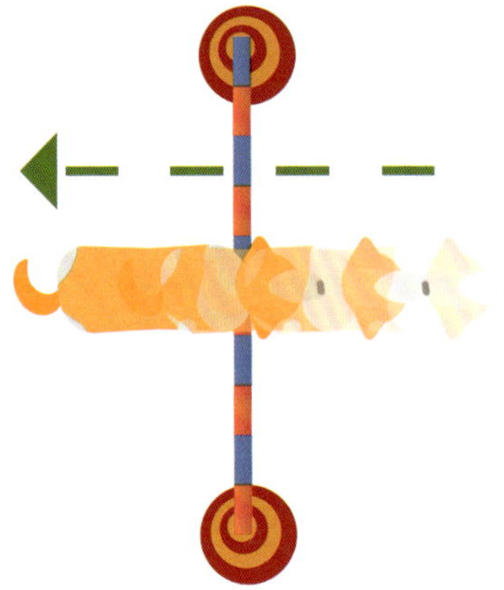

1. Ihr Hund sollte das Rückwärtsgehen auf einen Bodentarget kennen (siehe Seite 155) Frischen Sie dies ein paar Mal auf.

2. Platzieren Sie dann eine Stange direkt vor dem Bodentarget und führen Ihren Hund von hinten darüber, sodass er diese wahrnimmt.

3. Starten Sie Ihren Hund direkt vor der Stange und geben Sie ihm das Signal für das Rückwärtsgehen. Halten Sie Clicker und Futter direkt parat, denn es geht darum, zügig zu clicken, wenn Ihr Hund ein Bein über die Stange nach hinten setzt.

4. Die Vorwärtsbewegung bekommen Sie dann ganz einfach durch cleveres Füttern praktisch „geschenkt". Sie füttern Ihren Hund nämlich nicht in der Position, sondern bieten ihm das Leckerli kurz vor seiner Schnauze so an, dass er die Hinterpfote wieder nach vorne stellt.

5. Spannend ist hierbei, dass Ihr Hund höchstwahrscheinlich immer das gleiche Bein nutzt, um über die Stange zu steigen. Das kann zum einen mit seiner Schokoladenseite zu tun haben (auch Hunde sind Rechts- bzw. Linkshänder!) zum anderen aber auch ein Hinweis auf eine Schonung des anderen Beines sein. Testen Sie also bewusst, ob Sie das andere Bein auch einmal aus Ihrem Hund herauskitzeln können. Achten Sie dabei darauf, mit welcher Hand Sie füttern und wechseln diese gegebenenfalls.

6. Wenn Sie ein Wortsignal auf diese Übung setzen möchten, sollten Sie eines für die rechte und eines für die linke Hinterhand nutzen.

Hier sieht man, dass unbeabsichtigter körpersprachlicher Druck auf Ryva ausgeübt wird.

Deshalb ist ein Arbeiten auf Augenhöhe oft sinnvoll. Dabei muss Ryva dann auch nicht so weit nach oben gucken.

Schrittverlängerung: Balance und Rhythmus

Das Cavalettitraining zur Schrittverlängerung kann als das „typische" Cavalettitraining betrachtet werden, weil es genau das erreicht, was Federico Caprilli ursprünglich als Ziel verfolgte. Federico Caprilli war Rittmeister der italienischen Armee und Ausbilder an italienischen Kavallerieschulen. Er erfand das Cavalettitraining, um Springpferde besser auf ihre Aufgabe vorzubereiten. Mit Cavalettitraining arbeiten Sie an der Balance Ihres Hundes, an seiner Koordination, am Taktgefühl und auch an der sogenannten „Losgelassenheit". Für das Überschreiten der Stangen muss der Hund eine gewisse Koordination zeigen und eben dafür eine gewisse Konzentration aufbringen, was im Übrigen auch eine großartige Vorbereitung für viele Hundesportarten ist. Das Schrittverlängerungstraining ist hervorragend geeignet für das Fithalten von älteren Hunden oder auch als Reha-Training nach einer Erkrankung. Der Fokus der Hunde verbessert sich und auch die Wahrnehmung und Koordination der eigenen Hinterhand.

Der am meisten gemachte Fehler ist, dass die Stangen oft viel zu hoch liegen. Wenn der Fokus auf der Schrittverlängerung liegt, also im Bereich Koordination und Gangschulung, sollten die Stangen tief liegen! Die Höhe der Pfoten gibt hier die ungefähre Höhe der Cavalettistangen vor. Höher liegende Stangen würden dem Ziel der Schrittverlängerung eher entgegenwirken und eine Verkürzung des Schrittes bewirken. Geringfügige Variationen in der Höhe sind lediglich für sogenannte „Trampeltiere" spannend, weil diese durch etwas höhere Stangen dazu animiert werden, besser aufzupassen. Hunden, die gerne die Aufgabe vorwegnehmen, tut es gut, mit abwechselnden Höhen der Stangen konfrontiert zu werden, um ihre Aufmerksamkeit und Konzentration zu fördern.

Im Prinzip würde es bezüglich der Stangenhöhe sogar ausreichen, die Stangen auf dem Boden zu legen. Die Gefahr bei auf den Boden gelegten Stangen wäre jedoch, dass diese wegrutschen können. Das sollten Sie unbedingt vermeiden,

indem Sie die Stangen in irgendeiner Form fixieren. Ein Auftreten auf die Stange und gleichzeitiges Wegrutschen wäre für die Sehnen und Bänder Ihres Hundes nicht förderlich.

Die Schrittverlängerung können Sie grundsätzlich in allen drei Gangarten (Schritt, Trab, Galopp) üben. Für die verschiedenen Gangarten benötigen Sie unterschiedliche Abstände zwischen den Stangen. Für den Galopp ist der Abstand größer als für die Arbeit im Trab und Schritt. Die Arbeit an der Schrittverlängerung im Galopp ist eher untypisch, kann aber beispielsweise für Agility-Hunde sehr förderlich sein, da diese bei dieser Übung lernen können, ihre Galoppade an unterschiedliche Distanzen anzupassen. Innerhalb der letzten Jahre ist dies im Agility immer wichtiger geworden. Beim Erlernen und Durchführen der Running Contacts an den Kontaktzonengeräten zum Beispiel ist es für den Hund unerlässlich, seine Galoppsprünge anzupassen.

Im Bereich der Rhythmusfindung wäre es sinnvoll, nicht direkt mit dem Galopp einzusteigen. Die Arbeit am Galopp ist tatsächlich am sinnvollsten, wenn Sie dies im Sport dann auch direkt benötigen. Für die Konzentration und Koordination im Bodenarbeitstraining sind Trab und Schritt also die Gangarten der Wahl.

Die Abstände unterscheiden sich im Schritt und im Trab nicht wesentlich. Oft denken die Hundebesitzer, dass sie ihren Hund über kürzere Abstände langsamer machen können. Dies ist oftmals gar nicht der Fall. Der Schritt ist eigentlich eine sehr raumgreifende Gangart. Und er ist die Gangart, in der die meisten Dysbalancen auftreten und in der man am schnellsten erkennen kann, ob der Hund ermüdet oder Schwächen hat. Für eine Gangbildanalyse eignet sich der Schritt mit am besten, weil man viel schneller als im Trab erkennen kann, ob der

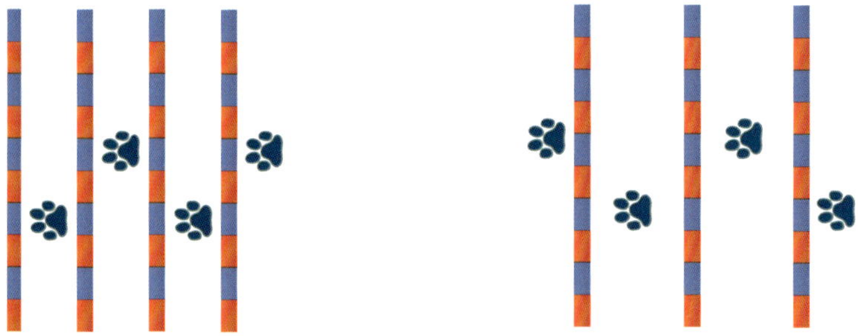

Hund unrund läuft. Im Trab können Hunde Dysbalancen durch die größere Dynamik besser ausgleichen als im Schritt.

Den Stangenabstand für die Schrittverlängerung im Trab wählen Sie zu Beginn im Bereich des Stockmaßes des Hundes. Zumindest wäre dieses Maß als Ziel anzusehen. Beginnen Sie mit einem leicht kürzeren Abstand. Oder benutzen Sie das Stockmaß als Einstiegstest und passen Sie den Abstand dann an. Es empfiehlt sich, eine Markierung an einer Stange zu machen, die der Höhe des Stockmaßes Ihres Hundes entspricht. So haben Sie während des Trainings jederzeit ein Maß für die Abstände der Stangen zur Hand. Die Markierungen können Sie auch je nach Trainingsstand verändern und haben so gleichzeitig eine Dokumentation Ihres Trainingsstandes dabei.

Tipp:

Filmen Sie Ihr Training. Viele Handys bieten heutzutage auch den Vorteil, dass Sie das Video gleich in Slowmotion aufnehmen können. Vieles kann man mit dem bloßen Auge gar nicht richtig wahrnehmen. Vor allem nicht, wenn Sie damit beschäftigt sind, Ihren Hund zu trainieren. Positionieren Sie die Kamera so, dass Sie möglichst auf der Höhe des Hundes sind. So können Sie nach Wunsch noch direkt im Training kontrollieren, ob die tatsächliche Ausführung des Hundes Ihrem Eindruck entspricht. Achten Sie beim Training auch auf die Geräusche, die Sie wahrnehmen. Oft hört man es sehr gut heraus, wenn die Hunde die Stangen touchieren.

Schrittlänge herausfinden

Sie können die Schrittlänge Ihres Hundes durch nasse Pfotenspuren auf ebenem Untergrund oder im Schnee überprüfen. Entscheidend ist tatsächlich bei der Schrittverlängerung das Auffußen nach der Stange, deshalb darf die Stange dort auch tief liegen. Stellen Sie sich einfach vor, Sie sollen über eine erhöhte Stange steigen. Dann ist es Ihnen durch die Erhöhung gar nicht möglich, so weit vorzutreten, wie es auf bei einer auf dem Boden liegenden Stange möglich wäre. Durch höhere Stangen befinden Sie sich eher im Bereich des Krafttrainings und der Koordination. Diesen Unterschied sollten Sie sich bewusst machen.

Beachten Sie zudem die anatomischen Voraussetzungen Ihres Hundes. Steile Schultern (Winkelung der Schulter) beispielsweise führen zu einer verringerten Schrittlänge. Typischerweise sind Terrier steil in der Schulter gewinkelt, bei ihnen stellt die steile Schulter sogar ein Zuchtziel dar.

Trainingsaufbau

Für das selbstständige Absolvieren der Cavaletti gibt es unterschiedliche Trainingsaufbauten, aus denen Sie die ideale für Ihren Hund wählen können.

Trainingsaufbau: Bodentargets

Der Trainingsaufbau mithilfe von Bodentargets ist sehr gut geeignet, wenn Sie einen eher ruhigeren Hund haben, der von sich aus nicht schnell rennt. Denn ein gut auftrainiertes Bodentarget zieht den Hund vorwärts und animiert ihn durchaus auch, sich schneller zu bewegen als gewünscht. Das grundsätzliche Ziel ist, dass Ihr Hund von Target zu Target trabt und dabei den Blick nach vorne gerichtet hat.

1. Trainieren Sie zunächst das Laufen von Target zu Target ohne Stange. Oftmals werden die Stangen zu früh in die Trainingsschritte eingebaut. Wenn Sie Ihr Training jedoch kleinschrittig gestalten, schleichen sich nicht so viele Fehler ein.

2. Zu Beginn stehen Sie seitlich des Targets und die Belohnung erfolgt zunächst auf dem Target. Der Click erfolgt in dem Moment, in dem der Hund seinen Blick auf das Target richtet und dieses gerade anläuft. Wählen Sie zunächst einen geringen Targetabstand, beispielsweise etwa zwei Meter. Im nächsten Schritt können Sie eine am Boden liegende Stange hinzufügen. Ihr Hund trabt nun von Target zu Target geht über die am Boden liegende Stange. Sichern Sie die Stange so, dass diese nicht wegrutschen kann. Dann können Sie beginnen, die Targets weiter auseinanderzunehmen. Gelangen Sie im Training an einen Punkt, an dem sich Ihr Hund zu schnell bewegt, können Sie die Targets wieder etwas mehr aufeinander zu bewegen. Ein geringer Targetabstand beugt Galoppsprüngen vor. Klappt die Übung mit einer am Boden liegenden Stange gut, können Sie die Stange erhöhen. Erst dann erhöhen Sie in weiteren kleinen Schritten die Anzahl der Stangen. Und dann können Sie den Abstand der Targets weiter vergrößern.

Der Vorteil dieser Methode ist gleichzeitig auch ihr Nachteil: Die Stationierung des Hundes auf dem Target. Ein Vorteil besteht darin, dass Ihr Hund auf dem Target stehen bleibt und Sie die Möglichkeit haben, Dinge umzubauen oder zu variieren. Er läuft erst dann wieder los, nachdem Sie ihn wieder losschicken. Ein Nachteil dieser Methode kann darin bestehen, dass bei sehr schnell arbeitenden Hunden die Belastung auf der Vorderhand durch durch die entstehenden Scher- und Fliehkräfte, insbesondere durch abruptes Abstoppen, relativ groß werden kann. Die Bodentargets bieten Ihrem Hund allerdings auch ein Ziel. So können Sie ihn auch unabhängig von sich wegschicken, ohne dass der Hund sich zu Ihnen orientiert und dadurch schief in der Wirbelsäule wird. Und der Stopp auf dem Target hilft Ihnen auch, wenn Sie etwas mehr Kontrolle in der Übung benötigen.

Trainingsaufbau: Pylonen

Eine weitere Möglichkeit ist der Trainingsaufbau mithilfe von Pylonen. Zunächst bringen Sie bei dieser Variante Ihrem Hund bei, eine Acht um zwei Pylonen zu traben. Diese Methode eignet sich hervorragend für zügige Hunde, die zum Springen neigen. Für die Gangart Schritt ist diese Methode etwas schwieriger, da die Hunde beim Umlaufen der Pylonen dazu neigen, etwas das Tempo anzuziehen.

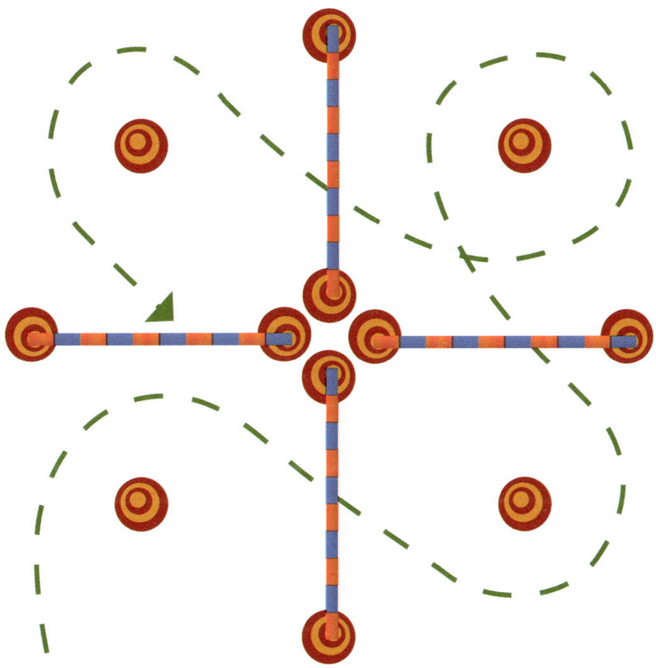

1. Auch hier arbeiten Sie für den Grundaufbau der Acht um die Pylonen zunächst ohne Stange. Sie stehen seitlich und der Clickpunkt liegt beim Umrunden der Pylone, das Futter gibt es in der Mitte der Pylonen. Durch das Umrunden der Pylone erreichen Sie gleichzeitig auch eine schöne seitliche Biegung der Wirbelsäule.

Pylonenaufbau: eignet sich hervorragend für zügige Hunde, die zum Springen neigen.

Erweiterter Pylonenaufbau mit Cavaletti-Stangen.

Auf Seite 84/85 sehen Sie einen ähnlichen Pylonenaufbau mit drei Stangen.

2. Im zweiten Schritt können Sie beginnen, die Click- und Futterpunkte zu variieren. Sie können zum Beispiel die komplette Acht belohnen, eine dreiviertel Acht und so weiter.

3. Klappt dies sicher, können Sie beginnen, die Stangen einzufügen und im weiteren Trainingsverlauf den Abstand der Pylonen zu vergrößern. Achten Sie auch bei diesem Trainingsaufbau darauf, dass Sie das Futter tief aus der Hand oder am Boden füttern, um das Absenken des Kopfes zu fördern.

Bei diesem Trainingsaufbau wird es dazu kommen, dass Ihr Hund etwas diagonal über die Stangen traben wird. Dies hat Auswirkungen auf den Abstand, den Sie zwischen den Stangen wählen müssen, da beim diagonalen Überqueren der Stangen die zurückgelegte Strecke zwischen den Stangen größer wird. Ausprobieren hilft auch an dieser Stelle.

Trainingsaufbau: Handtouch

Diese Version des Trainingsaufbaus eignet sich für „Abräumer“ beziehungsweise unsichere Hunde. Ist Ihr Hund eher unsicher, wird er sich über Ihre Nähe, die durch den Handtouch entsteht, freuen. Beim Handtouch können Sie durch die Variation der Höhe Ihrer eigenen Hand wunderbar die Höhe des Hundekopfes regulieren. Je mehr Sie sich allerdings einbringen und bewegen, umso größer wird der Fokus Ihres Hundes auf Sie werden. Daher würde ich Ihnen empfehlen, den Handtouch nur anfangs für dieses Training zu benutzen, um Hemmungen abzubauen. Sobald Ihr Hund dann Sicherheit an den Stangen gesammelt hat, können Sie auf eine andere Trainingsmethode umschwenken. Haben Sie einen ungestümen Hund, der alles abräumt, können Sie ihm mit Hilfe des Handtouches etwas mehr Ruhe vermitteln. Falls Sie sich für die Arbeit mit dem Handtouch entscheiden, können Sie direkt an den Stangen beginnen. Sie können sich neben dem Hund oder direkt vor dem Hund (rückwärtsgehend) bewegen. Dadurch wird es Ihnen möglich, dass einzelne Übersteigen der Stangen zu markern und zu belohnen. Wichtig ist dabei, dass Sie kein Futter in der Hand halten. Sonst haben Sie noch mehr Fokus auf Ihrer Hand, was Sie langfristig vermeiden möchten. Wenn Sie mit Futter im Bereich der Cavaletti arbeiten, füttern Sie es möglichst immer vom Boden.

Hier wird der Handtouch zum Bremsen über den Cavaletti genutzt, die in diesem Fall zum Krafttraining (s. S. 111) eng beieinander stehen.

Trainingsaufbau: Futterbrocken

Die Option, mit Futterbrocken zu arbeiten, eignet sich, falls Sie einen Hund haben, der sich schnell hochfährt. Achtung: Es gibt aber auch sehr verfressene Hunde, die sich durch die Arbeit mit Futterbrocken erst recht hochfahren und sich nicht mehr konzentrieren können. Hier spielt auch die Größe der Futterbrocken eine Rolle. Das Kauen größerer Futterbrocken kann Ruhe in die Übung bringen. Auch bei der Methode mit Futterbrocken können Sie direkt an den Stangen zu arbeiten beginnen. Damit die erste Stange nicht übersprungen wird, legen Sie direkt davor einen Futterbrocken ab und dann zwischen jeder weiteren Stange einen weiteren. Die Punkte, an denen Sie das Futter auslegen, können Sie im weiteren Verlauf des Trainings variieren. Bitte beachten Sie, dass Sie auch hier das Futter nur auf den Boden legen und nicht mit dem Futter locken.

Futter am Boden lenkt den Fokus nach unten.

Trainingsaufbau: Futterstation

Diese Methode funktioniert ähnlich wie die Arbeit mit dem Bodentarget. Die Futterstation eignet sich für Hunde, die am Ende ein klares Ziel brauchen. Durch den Fokus auf die Futterstation erreichen Sie eine gleichmäßige Bewegung des Hundes. Falls Sie einen Futterautomat besitzen, der auf Knopfdruck Futter ausgibt, können Sie ihn an dieser Stelle hervorragend einsetzen. Oder Sie haben einen Helfer, der für Sie das Futter manuell in die Futterstation legt. Wichtig wäre hierbei, dass Sie das Futter ungefähr auf Ellbogenhöhe (maximal Kopfhöhe) des Hundes auf einer Erhöhung platzieren. Auf keinen Fall sollten Sie das Futter höher platzieren, da sonst der Kopf des Hundes zu sehr überstreckt werden muss. Niedriger platziertes Futter bewirkt oft eine Tempoerhöhung, die die Übung schwieriger macht.

1. Belohnen Sie zunächst das selbstständige Traben oder Schrittgehen zu der Futterstation. Idealerweise starten Sie den Hund aus der „Between“-Position. Das ist die Position zwischen Ihren Beinen. Hier können Sie auch das Fokussignal „voran“ nutzen.

An der Futterstation gibt es einen Keks für das selbstständige Anlaufen.

2. Arbeiten Sie auch hier in sehr kleinen Schritten. Beginnen Sie zunächst mit einer sehr geringen Distanz zur Futterstation.

3. Klappt dies einige Male in der gewünschten Gangart gut, können Sie in kleinen Schritten die Distanz zur Futterstation vergrößern.

4. Sobald Ihr Hund in ein Tempo verfällt, das zu schnell ist, müssen Sie die Distanz zur Futterstation wieder verringern. So können Sie ein Wegarbeiten von Ihnen in der gewünschten Gangart etablieren.

5. Diese Methode eignet sich hervorragend, um Wortsignale für die verschiedenen Gangarten aufzutrainieren.

6. Erst, wenn Sie diese Übung etabliert haben, beginnt die Arbeit mit den Stangen. Zunächst mit einer und dann im weiteren Verlauf des Trainings mit mehreren Stangen.

Troubleshooting

Wie können Sie reagieren, wenn Ihr Hund etwas tut, was Sie nicht möchten? Wenn er beispielsweise die Stangen berührt oder abräumt, können Sie sich fragen: Sind die Abstände zu groß oder zu klein? Sind die Stangen zu hoch oder zu niedrig? Ermüdet der Hund eventuell gerade? Oder war der Aufbau eventuell nicht kleinschrittig genug und muss ich einen Schritt zurückgehen?

Oft ist auch der Fokus auf den Hundehalter die Ursache für Probleme. Schaut Ihr Hund viel zu Ihnen, kann er sich nicht auf die Aufgabe konzentrieren und die Koordination leidet. An dieser Stelle ist es eventuell angebracht, die Methode auf Bodentargets oder Pylonen zu wechseln. Manchmal hilft es auch schon, wenn Sie mit der Futterbrockenmethode arbeiten.

Grundsätzlich ist es äußerst hilfreich, sich selbst beim Training zu filmen. Versuchen Sie, die Kamera möglichst auf der Höhe des Hundes zu platzieren.

Oft taucht auch die Frage auf, mit wie vielen Stangen man idealerweise arbeiten sollte. Es ist tatsächlich so, dass man eine gewisse Anzahl von Stangen braucht, damit die Hunde auch in einen gewissen Rhythmus kommen. Bei drei Stangen beginnen die Hunde in einen Rhythmus zu kommen. Je mehr Stangen der Hund arbeiten muss, umso länger muss er diesen Rhythmus aufrechterhalten. Sie können auch gerne mit Variationen arbeiten. Beispielsweise könnten Sie Ihren Hund ein paar Stangen überqueren lassen, haben dann eine gewisse Distanz ohne Stangen und dann kommen wieder ein paar Stangen, die zu überqueren sind.

Variation mit mehreren Stangen

Variationen mit mehreren Stangen können Sie sowohl in der regulären Cavalettiarbeit als auch mit der Arbeit mit einer Stange ausprobieren.

Bei der selbstständigen Cavalettiarbeit können Sie beispielsweise mit der Anordnung der Cavaletti spielen. Viertelkreise, Halbkreise, ganze Kreise, Achter, Slalom, Zickzack und auch Anordnungen mit Leerräumen zwischen den Stangen sind möglich. Je nach Anordnung erzielen Sie unterschiedliche Effekte. Durch die Anordnung in Halbkreisen oder auch Viertelkreisen und ganzen Kreisen sprechen Sie ganz besonders die Biegung der Wirbelsäule Ihres Hundes an. Ist Ihr Hund beispielsweise in eine Richtung besser beweglich als in die andere, können Sie die weniger gute Seite häufiger trainieren und einen gewissen Ausgleich schaffen. Durch die Variationen bringen Sie auch Abwechslung in das Training mit den Cavaletti. Hunden, die schnell eine Übung vorwegneh-

Darwin überläuft in höchster Konzentration die Sensorikmatten und die Stange.

men, kann man mit vielfältigen Variationen helfen, die Konzentration und die Aufmerksamkeit aufrecht zu erhalten. Nicht nur die Anordnung der Stangen, auch die Höhe der Stangen können Sie variieren. Spielen Sie ruhig damit und probieren Sie auch einmal einseitig hoch oder tief gelegten Stangen aus. Nutzen Sie nur einseitig höher gelegte Stangen, ist es spannend zu beobachten, auf welcher Höhe Ihr Hund sich über die Stangen bewegt, wenn er es sich selbst aussuchen darf.

Weitere Variationen in der Cavaletti Arbeit können Sie durch unterschiedliche Untergründe schaffen. Sie können auf festem Untergrund trainieren, auf nachgiebigen Untergrund, drinnen oder draußen, über einen Geländeübergang (z. B. von Wiese zu Feldweg) oder Sie haben die Möglichkeit, die Untergründe mithilfe von Balancekissen, Sensorikmatten und Ähnlichem zu variieren. Das ist sowohl im Bereich der Gangschulung als auch beim Krafttraining möglich. Im Cavalettitraining ist es zudem auch in Ordnung, mal auf festem Untergrund wie beispielsweise einer Straße zu trainieren, da dieses Training nur eine geringe Stoßbelastung auf die Gelenke Ihres Hundes hat. Die Natur bietet Ihnen auch Möglichkeiten, natürliche Gegenstände wie beispielsweise Äste als Cavalettis zu benutzen.

Bei den Gangarten können Sie Schritt, Trab und Galopp variieren. Den Galopp sollten Sie sehr deutlich von den anderen beiden Gangarten trennen. Im Normalfall benötigen Sie bei der Cavalettiarbeit den Schritt oder den Trab. Wenn Sie Ihren Hund dann doch zum Galopp animieren, ist es bei bewegungsfreudigen Hunden oftmals schwierig, das Tempo wieder zu reduzieren. Hier können Sie überlegen, in welchem Umfeld Sie den Galopp trainieren. Und wenn

Sie es nicht für einen speziellen Sport mit dem Hund benötigen, sollten Sie sich auch fragen, ob Sie den Galopp überhaupt trainieren müssen. Denkbar wäre beispielsweise, dass Sie das Cavalettitraining im Galopp als gezieltes Sprungtraining nutzen. Eine Differenzierung wäre hier möglich, indem Sie das Galopptraining nur auf dem Hundeplatz üben und das andere Cavalettitraining nur im heimischen Umfeld. So schaffen Sie eine hilfreiche Unterscheidungsmöglichkeit für Ihren Hund.

Weitere Variationen können Sie über unterschiedliche Fokusse erreichen. Eine Möglichkeit wäre hier, Ihrem Hund ein Apportel oder Dummy zu geben, das er über die Cavalettis tragen soll. So rückt sein Fokus weniger auf Sie als auf die eigentliche Arbeit. Beachten Sie hierbei bitte, dass das Tragen eines Gegenstandes im Maul eine Hebelwirkung auslöst. Dadurch wird die Arbeit wesentlich anstrengender und auch die Belastung auf die Gelenke wird größer. Wenn Ihr Hund die Arbeit mit Balancesäckchen bereits kennt, können Sie diese auch im Cavalettitraining benutzen. Hier soll Ihr Hund ein kleines Säckchen, beispielsweise gefüllt mit Kirschkernen, auf dem Kopf, Nacken oder Rücken balancieren.

Exkurs: Passgang

Hunde haben genau wie wir Menschen auch ein sogenanntes Muskelgedächtnis. Bewegen Sie sich viel auf eine bestimmte Art und Weise vorwärts, wird diese Gangart im Muskelgedächtnis abgespeichert und dann bevorzugt abgerufen. Ursache für Passgang könnte hier eine momentane oder akute Problematik sein, beispielsweise eine Blockade oder Verspannung, die sonst nicht vorliegt und den Hund dazu veranlasst den Passgang zu wählen, da der Schritt oder der Trab unangenehm wären. Wichtig wäre, orthopädische und / oder muskuläre Problematiken auszuschließen. Grundsätzlich ist der Passgang nichts Schlimmes, aber im Cavalettitraining sollten Sie diese Gangart nicht nutzen. Idealerweise möchten Sie erreichen, dass Ihr Hund die Übungen aus dem Cavalettitraining mit in den Alltag nimmt. Und da sollten Sie das rhythmische und ausbalancierte Traben und Gehen fördern, da Ihr Hund sich in diesen beiden Gangarten gut durchbewegt.

Cavaletti eng & hoch: Kraft, Konzentration und Koordination

Beim Krafttraining mit Cavalettis bietet sich ein komplett anderes Bild im Vergleich zum Cavalettitraining zur Schrittverlängerung. Es ist zunächst wichtig, dass wir die Differenzierung zwischen Krafttraining und Schrittverlängerung vornehmen. Im praktischen Training arbeiten wir dann später tatsächlich oft auch mit Mischformen. Beim Krafttraining mit Ihrem Hund geht es nicht um Geschwindigkeit oder Rhythmik. Es kommt nicht zu so fließenden Bewegungen wie in der Schrittverlängerung, sondern es geht klar um Kraft und Koordination. Dabei stehen die Cavaletti eng und hoch. Tatsächlich teilweise so eng, dass der Hund gerade so dazwischentreten kann. Und die Höhe der Stangen orientiert sich am Sprunggelenk bis maximal zur Kniehöhe Ihres Hundes. Bei diesem Training zeigen die Hunde oft klar, was sie leisten können. Es ist ein sehr intensives Workout. So sind die Hunde wesentlich schneller erschöpft als bei der Schrittverlängerung. Der Rücken des Hundes wird intensiv durchbewegt, genauso wie alle Gliedmaßen. Ein gut trainierter Hund ist hier beispielsweise nach vier bis fünf Wiederholungen bereits am Limit seiner Kräfte. Auch der Konzentrations- und Koordinationsfaktor sollte nicht unterschätzt werden.

4.

Bodenarbeit

Im folgenden Teil soll es um die Arbeit mit am Boden liegenden Hindernissen und Begrenzungsstangen gehen, die tatsächliche *Boden*arbeit also. Hierzu sind vorab einige Punkte zu beachten. Nach den Vorübungen wie Führpositionen oder Führübungen können Sie aus unterschiedlichen Bodenarbeitsideen auswählen, die den Schwerpunkt entweder auf Konzentration, Koordination oder Kommunikation legen.

Führpositionen

Bei der Bodenarbeit ist es sinnvoll, dem Hund unterschiedliche Führpositionen zu vermitteln. Dies bedeutet, dass er Positionen kennenlernt, in denen der Mensch vor ihm oder rechts und links neben ihm steht. Dabei hat jede Position unterschiedliche Schwerpunkte, die man sich im Training zu Nutze machen kann. Zudem kann man die Führpositionen ideal auch in den Alltag integrieren, zum Beispiel, indem man dem Hund von der rechten auf die linke Seite schicken kann, wenn sich ein fremdes Mensch-Hund-Team nähert. Weiterhin kann zum Beispiel die Position „hinten" ideal in engen Gassen oder auf Bergtouren genutzt werden. Der Aufbau aller Führpositionen ist dabei grundsätzlich identisch: Sie machen sich eine Plattform zu Nutze. Hierbei lernt der Hund vorab, dass sich das Daraufstellen lohnt. Dann können Sie sich als Mensch ins Spiel bringen und die unterschiedlichen Positionen in Relationen zum Hund belohnen. Mithilfe von Wortsignalen können Sie dann über lustige Unterscheidungsspiele die Positionen festigen. Wichtig ist dabei zu erwähnen, dass Sie zwischen Alltagspositionen und Positionen, die Sie für den Hundesport nutzen, unterscheiden können und sollten. Für die Bodenarbeit und für die Positionen, die Sie dann im Alltag auch nutzen möchten, muss der Hund keinen Blickkontakt zu Ihnen aufnehmen und darf sich auch etwas entfernt vom Hundehalter befinden. Die Führpositionen sollten Sie sowohl mit als auch ohne Leine üben. Beachten Sie, dass Ihr Hund je nach Führposition seinen Nacken verdreht oder überstreckt, wenn er Sie anguckt. Arbeiten Sie hier gezielt durch eine Fokusübung nach unten oder vorne entgegen, da sonst Verspannungen auftreten können.

Zum Trainieren unterschiedlicher Führpositionen, wie hier dem Anhalten, sind später auch Gassen sehr hilfreich. Zu Beginn benötigen wir aber die Basisübung „Plattform".

Basisübung „Plattform“

Hierfür benötigen Sie ein rechteckiges Objekt, das ungefähr so groß und breit ist wie Ihr Hund. Bewährt haben sich zusammensteckbare Dogstepper oder Holzdielen. Zusätzlich kann der Einsatz eines Hockers hilfreich sein, auf dem Sie Ihre Belohnung platzieren können.

Hier steht Lissy rechts neben Frauchen auf Schulterhöhe, ihr Fokus ist nach vorne gerichtet. Die Plattform dürfte etwas größer sein, sodass Lissy komplett darauf stehen kann.

Übungsschritte:

1. Platzieren Sie die Plattform so auf dem Boden, dass sie gerade liegt und nicht wackelt. Halten Sie Leckerli und Clicker o. Ä. bereit.

2. Helfen Sie Ihrem Hund auf die Plattform, zum Beispiel, indem Sie ihn mit dem Handtouch führen. Zunächst üben Sie dies von direkt hinter der Plattform, sodass Ihr Hund diese gerade anlaufen kann. Ist er zögerlich, markern Sie bereits das erste Interesse, also Schnüffeln oder das einzelne Setzen von Pfoten. Sie sollten dann schlussendlich direkt vor der Plattform stehen. Einigen Hunden hilft es, wenn Sie beim Hinaufführen rückwärts gehen.

3. Fürstliches Lob erhält Ihr Hund, wenn er mit allen vier Pfoten auf der Plattform steht. Im Idealfall belastet er alle Pfoten gleich und steht parallel.

4. Füttern Sie Ihren Hund hier „fest", also belohnen ihn mehrmals für das gleiche Verhalten, das Stehenbleiben. Hier können Sie Ihren statischen Keep-Going-Marker, z. B. „guuut" nutzen.

5. Lösen Sie Ihren Hund nun auf, indem Sie ein Leckerli nach hinten, hinter die Plattform werfen. So verlässt Ihr Hund die Plattform in die Richtung, aus der er gekommen ist und kann sie direkt erneut anlaufen.

6. Verharren Sie in Ihrer Position und warten ab, ob Ihr Hund selbstständig die Entscheidung trifft, wieder auf die Plattform zu kommen. Wenn ja, loben Sie ihn ausführlich und füttern ihn wieder fest. Wenn nein, helfen Sie etwas nach mit dem Handtouch oder mit Locken.

7. Verändern Sie nun langsam Ihre Position in Relation zum Hund. Stehen Sie also mal rechts, mal links der Plattform, immer ungefähr auf Schulterhöhe. Also Fokuspunkt können Sie dann mit dem Hocker arbeiten, auf dem Sie die Leckerlis füttern.

8. Läuft Ihr Hund die Plattform aus unterschiedlichsten Winkeln an, sind Sie beide nun bereit für die unterschiedlichen Führpositionen.

Das Führen auf die Plattform ist eine tolle Übung zur Konzentration und Koordination auch schon für Welpen.

④

⑤

⑥

Auf Schulterhöhe

Die wohl bekannteste Führposition ist die rechts oder links neben dem Hund. Diese Führposition ist die, die für das Training der Leinenführigkeit am ehesten geeignet ist. Sie unterscheidet sich jedoch deutlich von der hundesportlichen „Fuß" (links vom Menschen) oder „Hand" (rechts vom Menschen) - Position, denn der Abstand zwischen Hund und Mensch ist größer und der Hund soll nicht Blickkontakt halten. Der Abstand sollte so individuell gewählt werden, dass er zum jeweiligen Team und dessen Lebensumständen passt.

Übungsschritte:

1. Die Basisübung „Plattform" sollte bekannt sein. Frischen Sie diese zwei bis drei Mal auf.

2. Beim nächsten Auflösen des Hundes positionieren Sie sich so in Relation zu der Stelle, an der sich ansonsten seine Schulter befindet, wie es Ihnen praktikabel erscheint.

3. Helfen Sie Ihrem Hund, wenn nötig, in diese veränderte Position.

4. Achten Sie darauf, Ihren Hund, obwohl er neben Ihnen steht, nach vorne zu füttern, und zwar in Verlängerung seiner Wirbelsäule.

5. Sucht er diese Position trotz unterschiedlicher Anlaufwinkel sicher auf, können Sie ein Wortsignal wie z. B. „Bei mir" einführen.

6. Gehen Sie nun dazu über, anstatt einer erhabenen Plattform nur noch eine flache Matte als optische Hilfe für Ihren Hund zu nutzen.

7. Klappt das Einsortieren auch hier, entfernen Sie innerhalb derselben Trainingseinheit die Matte und üben am selben Ort weiter. Idealerweise sollte Ihr Hund das Gelernte nun auch ohne Hilfsmittel zeigen können.

8. Generalisieren Sie diese Übung an unterschiedlichen Orten.

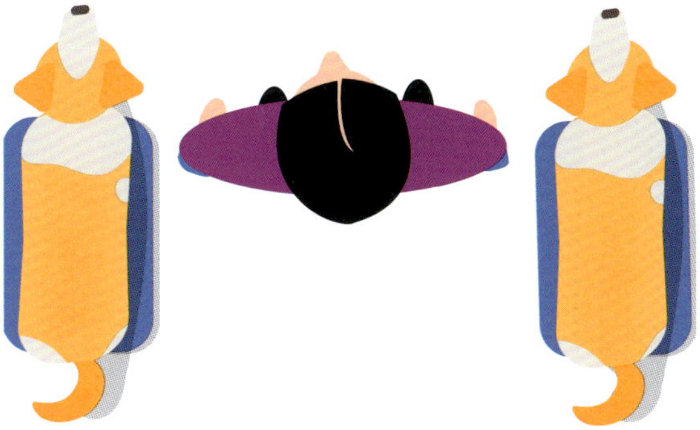

Gehen Sie mit der anderen Seite analog vor. Nutzen Sie für diese unbedingt ein anderes Wortsignal.

Plattformtraining auf Schulterhöhe, links und …

… rechts von Frauchen.

Hier wird die Plattformübung zur Führposition auf Schulterhöhe kombiniert mit der Übung „Fokus nach unten" …

… und hier umgesetzt ohne Plattform in Bewegung.

Effekt:

Das Führen auf Schulterhöhe kommt dem täglichen gemeinsamen Gehen beim Spaziergang am nächsten. Es ist die Position, die sich für Bodenarbeitsübungen eignet, deren Inhalt – z. B. Konzentration auf Sie trotz Ablenkung – Sie am einfachsten auf Ihren Alltag übertragen können.

Seitenwechsel zwischen rechts und links

Sowohl im Bodenarbeitstraining als auch im Alltag ist es sehr hilfreich, wenn Sie Ihrem Hund sagen können, dass er bitte die Seite wechseln soll. Dies können Sie mit viel Spaß mithilfe von Plattformen üben. Dazu benötigen Sie zwei oder mehrere Plattformen.

Übungsschritte:

1. Legen Sie sich beide Plattformen zurecht. Eine Plattform sollte sich links von Ihnen, eine rechts von Ihnen befinden. Sie selbst stehen mittig dazwischen, und zwar so, dass Ihr Hund, wenn er auf der Plattform steht, auf Schulterhöhe neben Ihnen steht.

2. Holen Sie nun Ihren Hund dazu und geben ihm durch Wortsignal und ggf. unterstützende Handhilfe eindeutig zu verstehen, auf welche Plattform er kommen soll. Im Idealfall holen Sie Ihren Hund auf die Seite, die ihm schwerer fällt.

3. Bestätigen Sie ihn hier kurz.

4. Nun wird es spannend: der Seitenwechsel steht bevor. Hier kommt Ihnen zugute, dass Sie die Seite ausgewählt haben, die Ihrem Hund nicht so gut liegt. Denn nun wird er gerne auf die andere Seite wechseln. Helfen Sie Ihrem Hund mit dem Handtouch, die Plattform hinter Ihnen zu verlassen und sich auf der

Hier sehen Sie, wie Cora links von Frauchen auf einer Plattform sitzt, während Frauchen körpersprachlich schon den Wechsel vorbereitet, ...

... dem Cora folgt.

anderen Seite wieder einzuordnen. Das wird sich anfangs eher unrund anfühlen und mit viel Hilfe Ihrerseits ablaufen. Belohnen Sie Ihren Hund für diesen Prozess und nicht nur für die Endposition auf der anderen Seite.

5. Fahren Sie nun mit einem Wechsel auf die andere Seite fort.

6. Übung macht den Meister! Beenden Sie die Trainingseinheit nach etwa fünf Versuchen. Üben Sie lieber mehrmals kurz als einmal sehr lange.

7. Führen Sie das Wortsignal (z. B. „Wechsel“) erst ein, wenn der Seitenwechsel flüssig vonstatten geht.

8. Gehen Sie nun dazu über, die Übung mit Matten oder ohne optische Hilfsmittel zu trainieren und generalisieren Sie sie durch Training an unterschiedlichen Orten.

Effekt:

Diese Führposition ist sehr hilfreich, um sich selbst als Barriere zwischen Ihren Hund und ein vermeintlich angsteinflößendes Objekt bzw. ein Objekt der Begierde zu bringen. Sie gibt unsicheren Hunden Sicherheit, auf der abgewandten Seite eines Reizes zu gehen und bringt aufgeregte Hunde eher zur Ruhe.

Eine Handhilfe kann dem Hund den Wechsel erleichtern.

Klappt der Wechsel auf der Plattform, sollten Sie diesen auch ohne optische Hilfe und in Bewegung üben.

Hinter dem Menschen

Im Alltag und auch im Bodenarbeitstraining kann es praktisch sein, dass Ihr Hund lernt, sich hinter Sie zu begeben. Gerade aufgeregten und unsicheren Hunden kann diese Position Sicherheit geben. Wichtig ist dabei aber, dass die Position sauber aufgebaut ist und nicht körpersprachlich Ihrerseits durch Druck durchgesetzt wird. Nur so können Sie und Ihr Hund in dieser Position souverän bleiben.

Übungsschritte:

1. Frischen Sie das Begehen und Stehen auf der Plattform auf, indem Sie sich vor der Plattform befinden und Ihren Hund von dort füttern.

2. Werfen Sie nun Leckerlis nach hinten weg und drehen sich bereits um, sodass Ihre Blickrichtung nun von der Plattform wegführt. Ihr fressender Hund wird sich automatisch umdrehen und wieder in Richtung Plattform laufen. Dabei wird ihm Ihre veränderte Position kaum auffallen.

3. Sie verhalten sich relativ ruhig und schauen nur über die Schulter nach hinten. Markern Sie Ihren Hund bereits für das Steigen auf die Plattform, sodass das erwartete Leckerli ihn weiter in Ihre Richtung laufen lässt.

4. Füttern Sie ihn hier fest, idealerweise nutzen Sie den statischen Keep-Going-Marker.

5. Lösen Sie die Position durch Werfen eines Leckerlis nach hinten auf und warten wieder ab.

6. Nähert sich Ihr Hund das nächste Mal, markern Sie wieder das Begehen und füttern nun aus der anderen Hand. Das ist wichtig, damit Ihr Hund gerade bleibt. Je nach Hundegröße können Sie auch mit der Hand zwischen Ihren Beinen durchfassen und Ihren Hund so füttern. Das sieht lustig aus, ist aber effektiv.

7. Nun zögern Sie den Markerpunkt etwas hinaus, bis Ihr Hund tatsächlich hinter Ihnen steht. Füttern Sie ihn hier abwechselnd mit der rechten und der linken Hand fest.

Die Führposition „hinten" ist zunächst ungewohnt, bietet aber einige Vorteile.

8. Falls größentechnisch möglich, können Sie ein Leckerli auch zwischen Ihren Beinen nach vorne hinauswerfen und so ein Spiel kreieren, bei dem Sie sich dann umdrehen, wenn Ihr Hund frisst und sich an das andere Ende der Plattform begeben. So befinden Sie sich wieder in der Ausgangsposition.

Effekt:

Ein positiv aufgebautes „Hinten" kann einem sehr energetischen, gestressten oder aufgeregten Hund helfen, sich etwas zurückzunehmen. Der Mensch vor ihm kann als sich bewegendes Schutzschild gegen alles auf den Hund Einströmende wirken. Zusätzlich hat die Führposition auf engen Wanderwegen auch praktischen Charakter. Gerade Leinenzieher erleben so auch, was es heißt, sich ohne Zug auf der Leine vorwärts zu bewegen.

Front

In der Position „Front" folgt der Hund dem rückwärtsgehenden Menschen. So wird häufig der Rückruf bei Welpen aufgebaut. Sie können diese Position auch situativ aus dem Nachfolgen Ihres Hundes heraus verstärken. Ansonsten bedienen Sie sich wieder der Plattform.

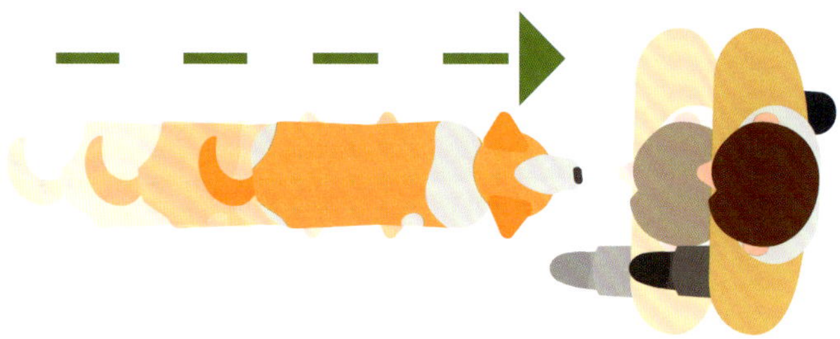

Übungsschritte:

1. Helfen Sie Ihrem Hund auf die Plattform, zum Beispiel, indem Sie ihn mit dem Handtouch führen. Ist er zögerlich, markern Sie bereits das erste Interesse, also Schnüffeln oder das einzelne Setzen von Pfoten. Sie sollten dann schlussendlich direkt vor der Plattform stehen. Einigen Hunden hilft es, wenn Sie selbst beim Hinaufführen rückwärts gehen.

2. Füttern Sie Ihren Hund hier „fest", also belohnen ihn mehrmals für das gleiche Verhalten, das Stehenbleiben. Hier können Sie Ihren statischen Keep-Going-Marker, z. B. „guuut" nutzen.

3. Lösen Sie die Position Ihres Hundes nun auf, indem Sie ein Leckerli nach hinten hinter die Plattform werfen. So verlässt Ihr Hund die Plattform in die Richtung, aus der er gekommen ist und kann sie direkt erneut anlaufen.

4. Verharren Sie in Ihrer Position und warten ab, ob Ihr Hund selbstständig die Entscheidung trifft, wieder auf die Plattform zu kommen. Wenn ja, loben Sie

ihn ausführlich und füttern ihn wieder fest. Wenn nein, helfen Sie etwas mit dem Handtouch oder mit Locken nach.

5. Führen Sie nun ein Signalwort (z. B. „Front“) ein, und zwar kurz bevor Ihr Hund die Plattform betritt.

6. Generalisieren Sie die Übung mit anderen Plattformen und dann ohne optische Hilfe.

Effekt:

Gerade zögerlichen Hunden hilft die Front-Position sehr, gemeinsam mit Ihnen ein Bodenarbeitshindernis zu absolvieren. Sie können hier, wenn Sie merken, dass Ihr Hund unsicher wird, sehr einfach von einer Position auf Schulterhöhe in eine Front-Position wechseln, indem Sie sich einfach eindrehen. Gleichzeitig können Sie mit Ihrem Körper einen zu enthusiastischen Hund in dieser Position auch etwas ausbremsen.

Die Führposition „Front“ erlaubt ein freudiges Nachlaufen direkt auf den Menschen zu.

Voran

Bei der Führposition „Voran" ist es tatsächlich Ihr Hund, der Richtung und Geschwindigkeit vorgibt, das heißt Sie folgen Ihrem Hund nach.

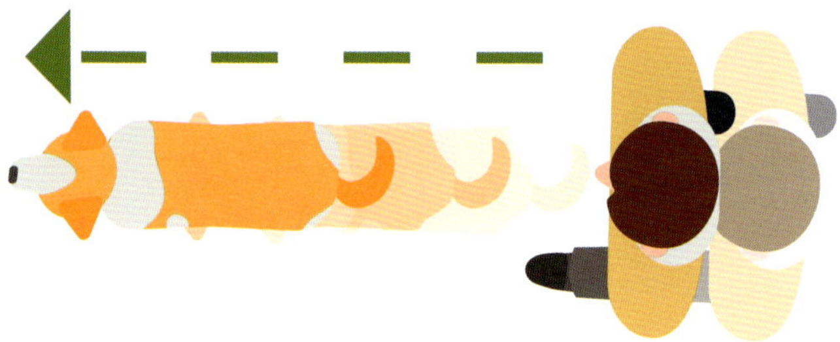

Übungsschritte:

1. Bereiten Sie die Plattform und einen Fokuspunkt für Ihren Hund vor. Das kann ein Hocker mit Leckerli oder auch ein Klebetarget an der Wand bzw. ein selbstständig stehender Target sein.
2. Zeigen Sie Ihrem Hund den Fokuspunkt und belohnen ihn für das Angucken bzw. Anlaufen.
3. Schalten Sie dann die Plattform vor.
4. Im Idealfall lassen Sie Ihren Hund über die Mitte Position zwischen Ihren Beinen vorab einparken, dann können Sie die Richtung vorgeben.
5. Geben Sie ihm dann das Fokussignal „vorne" und belohnen ihn damit, dass er loslaufen darf.
6. Generalisieren Sie diese Übung, auch indem Sie drumherum schon weiteres Equipment wie z. B. die Begrenzungsstangen platzieren.

Effekt:

Das „Voran“ bietet einen großen Selbstvertrauensschub für Ihren Hund.

Ally zeigt einen schönen Fokus nach vorne und wird begeistert dafür gelobt.

Mit und ohne Leine

Die unterschiedlichen Führpositionen können Sie natürlich mit und ohne Leine umsetzen. Eine Leine bietet Sicherheit und Orientierung und kann bei leicht ablenkbaren Hunden davor schützen, dass sie sich anderweitig beschäftigen. Je nach Position kann unterschiedliches Einhängen der Leine sinnvoll sein: In der Position „hinten“ ist es zum Beispiel sinnvoll, den Karabiner der Leine vorne am Geschirr zu befestigen. Ein Halsband ist hier flexibler, Zug darauf sollte aber vermieden werden. Bedenken Sie auch, dass es sehr empfindliche Hunde gibt, die sich durch die Leinenberührung gestört fühlen und dieser eventuell ausweichen. So oder so sollten Sie sich für eine eher leichte Leine entscheiden, die gut in Ihrer Hand liegt.

Und los geht's: Dynamik reinbringen

Das Etablieren der Positionen verlief zunächst ja statisch. Das ist auch gut so, um Ihrem Hund die nötige Sicherheit für die Position zu geben. Mit den folgenden Führübungen wird es jetzt dynamisch.

Reiner und Harley demonstrieren wunderschöne Synchronität im gemeinsamen Anlaufen, unterstützt durch eine Handhilfe.

Führübungen

Trockenübungen Mensch

Zunächst einmal sollten Sie sich bewusst machen, wie Sie das gemeinsame Gehen mit Ihrem Hund umsetzen möchten. Hierüber macht man sich zumeist zu wenig Gedanken. Wichtig sind dabei Überlegungen wie:

- Mit welchem Fuß gehe ich an?
- Welcher Fuß bleibt beim Anhalten als letztes stehen?
- In welcher Hand halte ich die Leine, falls der Hund angeleint ist?
- Wie zügig bin ich unterwegs?

Diese Überlegungen sind immer individuell auf Sie selbst und Ihren Hund abzustimmen und hängen hauptsächlich vom Charakter Ihres Hundes, seiner und Ihrer Größe ab. Einzelne Überlegungen hierzu finden Sie direkt unter der relevanten Führübung.

Angehen

Das Angehen ist sehr wichtig, denn es bestimmt, ob Sie tatsächlich gemeinsam loslaufen oder nur nebeneinander hergehen. Achten Sie darauf, dass Ihr Hund mit seinen Gedanken bei Ihnen bzw. der Aufgabe ist. Das bedeutet nicht, dass er Sie ansehen muss, aber überprüfen Sie zum Beispiel vorab mit einer Fokusübung, ob er sich in der von Ihnen gefragten Situation gerade überhaupt konzentrieren kann.

Für zügige Hunde
→ lässt dem Hund keine Zeit

Für eher langsame Hunde
→ lässt dem Hund Zeit

Sie sehen hier, wie Cora sich direkt Frauchens Fuß anschließen kann, da diese zunächst mit dem Fuß vom Hund weg angelaufen ist. Hier hilft beim Angehen ein Leckerli in der Hand. Aber Achtung: das sollte nicht immer so sein.

Beim Angehen mit dem Fuß beim Hund verliert Cora etwas den Kontakt. Für sie empfiehlt sich das Angehen mit dem vom Hund abgewandten Fuß.

Angehen mit vollem Körpereinsatz nach dem Festigen der Position auf der Plattform.

Denken Sie daran, mit welchem Fuß Sie losgehen. Soll es der Fuß beim Hund sein, wenn er auf Schulterhöhe mitläuft? Also der rechte Fuß, wenn Ihr Hund rechts von Ihnen läuft oder der linke Fuß, wenn er sich links von Ihnen befindet? Das hat sich für zügige Hunde bewährt. Mehr Zeit zum Reagieren erhält Ihr Hund, wenn Sie jeweils mit dem anderen Fuß losgehen, denn dann verlagert sich Ihr Körperschwerpunkt bereits und er kann sich dann am nachrückenden Fuß orientieren und „mitziehen" lassen. Bei den Positionen „Hinten", „Front" oder „Voran" ist dieser Effekt meist zu vernachlässigen.

Anhalten

Beim Anhalten verhält es sich analog zum Angehen. Möchten Sie Ihrem Hund Zeit zum Reagieren geben, stoppen Sie zunächst mit dem Fuß weg von ihm. Möchten Sie ihn, wenn er vielleicht sowieso etwas zu flott unterwegs ist, wieder darauf aufmerksam machen, dass Sie ja gemeinsam laufen, empfiehlt sich ein Stoppen zuerst mit dem Fuß beim Hund. Achten Sie so oder so darauf, nicht gewünschtes Verhalten nicht mit negativer Stimmung oder gar einem „Nein" zu quittieren, sondern geben Sie Ihrem Hund nochmals die Möglichkeit, es richtig zu machen.

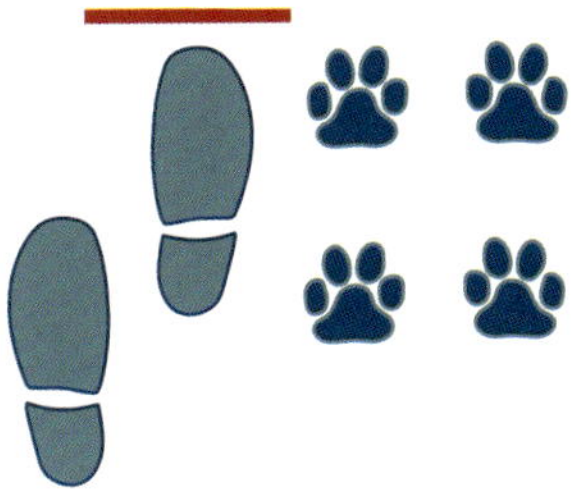

Für zügige Hunde

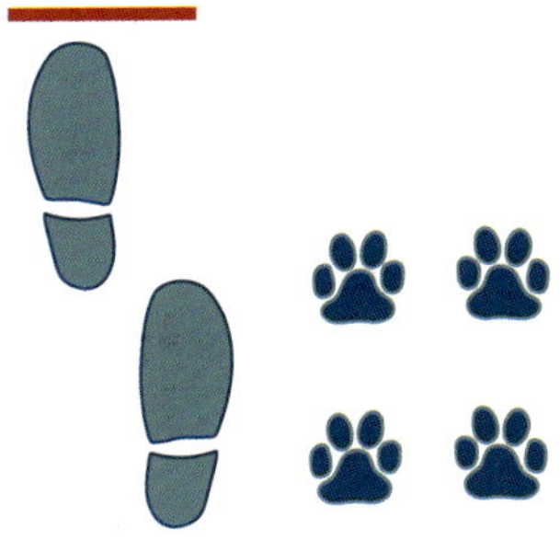

Für eher langsame Hunde

Hier wird ein Anhalten mithilfe eines Leckerlis eingeleitet. Ob Ihr Hund beim Anhalten sitzen soll oder stehenbleibt, ist Ihnen überlassen.

Grundtempo und Tempowechsel

Es klingt einfach, ist es aber in der Praxis ganz und gar nicht: Das richtige gemeinsame Tempo ist der Schlüssel zum Erfolg. Das kann bei Konstellationen, wo ein Teampartner sehr zügig, der andere sehr gemütlich unter-

Das richtige Tempo ist für ein gemeinsames Gehen unerlässlich. Läuft der Mensch zu langsam, tritt nicht selten ein Passgang beim Hund auf, weil er verzweifelt versucht, sich der Geschwindigkeit anzugleichen. Hier sieht man ein eingespieltes Team.

Start des „Follows“: Hier gibt es Leckerli.

Harley trabt schwungvoll mit.

wegs ist, mitunter sehr schwierig werden. Grundsätzlich gilt, dass Sie sich eher an Ihrem Hund orientieren sollten als er an Ihnen und das bedeutet zumeist, dass Sie sich eher zügig fortbewegen müssen. Für die Bodenarbeit ideal sind die Gangarten Schritt und Trab. Schritt ist für einige Hunde sehr schwierig umzusetzen und zudem eine sehr anstrengende Gangart. Wenn Ihr Hund also eher zur spritzigen Sorte gehört, üben Sie dies am besten, wenn er schon etwas müde ist. Hier können Sie dann tatsächlich das einzelne Auffußen der Pfoten markern und belohnen. Am einfachsten ist das vor einem Spiegel umzusetzen. Wichtig ist aber: das erfordert Zeit und Muße.

Der Trab ist da einfacher. Am besten kommen Sie mit Ihrem Hund zusammen in Gleichklang, wenn Sie das „Follow“ ausprobieren. Hierzu führen Sie Ihren Hund locker auf einem großen Außenkreis, das heißt Sie bewegen sich auf der Innenseite, Ihr Hund auf der Außenseite. Am besten filmen Sie sich dabei. Um Ihrem Hund das Mitgehen im gewählten Tempo schmackhaft zu machen, nehmen Sie vorab Leckerli in Ihre Hand, die den Anforderungen der Aufgabe entsprechen, also eine gewisse Wertigkeit für Ihren Hund haben. Belohnen Sie Ihren Hund für das Mithalten, im Idealfall achten Sie auf ein schön ausbalanciertes Traben. Halten Sie für das Fressen nicht an, sondern lassen Sie Ihren Hund wieder aufschließen, sodass alles im Fluss ist.

Tempowechsel sollten Sie sehr spielerisch aufbauen. Auch hierzu können Sie das „Follow“ nutzen. Tempowechsel können Sie auch mit Wendungen verbinden und in ein richtiggehendes „Fang-mich-doch“-Spiel umbauen. Wichtig ist, dass Ihr Hund verinnerlicht, dass ein gemeinsames Fortbewegen, in welcher Geschwindigkeit auch immer, Spaß macht.

Rückwärts

Gemeinsames Rückwärtsgehen ist koordinativ sehr schwierig. Nicht nur muss sich Ihr Hund selbst koordinieren, sondern er sollte sich auch noch an Sie anpassen. Um ihm dies einfacher zu machen, sollte er schon eine Idee des Rückwärtsganges haben. Daher bringen Sie ihm bitte zunächst das von Ihnen unabhängige Rückwärtsgehen (siehe Seite 155) bei.

Funktioniert dies zuverlässig, können Sie sich selbst ins Spiel bringen. Starten Sie eine Einheit unbedingt mit dem selbstständigen Rückwärtslaufen Ihres Hundes. Arbeiten Sie dabei anfangs am besten noch mit Unterstützung der Targetmatte. Stellen Sie sich neben oder vor Ihren Hund. Die Übung „hinten“ ist die schwierigste im Bezug auf das Rückwärtsgehen und sollte erst als letzte trainiert werden. Zunächst wird Ihr Hund etwas verwirrt sein, deshalb ist es wichtig, ihn wieder kleinschrittig zu belohnen, Sie verändern schließlich ein wichtiges Kriterium – Ihre Position.

Tatsächlich kann das Rückwärtsgehen den Vorwärtsdrang einiger Hunde etwas bremsen. Es sollte aber nicht als Strafe wahrgenommen und eher präventiv eingesetzt werden. Besonders spannend sind Kombinationen des Rückwärtslaufens mit Bodenarbeitsaufbauten wie der Gasse oder des Stangen-Ls.

Seitwärts

Auch vom Seitwärtsgehen sollte Ihr Hund schon ein gewisses Grundverständnis haben. So fällt ihm dann das Umsetzen gemeinsam mit Ihnen leichter. Frischen Sie also den Elefantentrick (siehe Seite 151) bzw. das Seitwärtsgehen (siehe Seite 153) auf. Von

den Positionen her ist eine Position auf Schulterhöhe am einfachsten umzusetzen, da Ihr Hund einen Orientierungspunkt hat und nachrutschen kann. Fortgeschrittene Hunde können dann lernen, seitwärts von Ihnen wegzugehen. Hier hilft ein Bodentarget zur Orientierung. „Hinten" ist schwieriger umzusetzen, weil Sie Ihren Hund nicht sehen, wohingegen „Front" dem Ursprungstrick sehr ähnelt und damit leichter beizubringen sein müsste.

Seitwärtsgehen hier mit Unterstützung durch die Leckerlihand. Sie sehen, wie schön Cora ihre Füße kreuzt.

Wichtig ist, nicht zu viel zu erwarten. Bewegen Sie sich stückchenweise seitwärts und legen dabei maximal die Hälfte Ihrer Schrittlänge zurück, damit Ihr Hund die Chance hat, hinterherzukommen. Markern und belohnen Sie hierbei direkt die ersten Ansätze. Das kann eine Gewichtsverlagerung oder ein Minischrittchen sein. Von dort aus arbeiten Sie sich langsam, aber stetig zu weiteren Schritten vor. Wenn Sie es etabliert haben, können Sie Ihren Hund mit dem dynamischen Keep-Going-Signal unterstützen.

Kreisbewegungen

Bei gemeinsamen Kreisbewegungen ist es wichtig, dass Ihr Hund sich auch tatsächlich biegt und nicht einfach eckig nachfolgt. Als Vorübung sind hierzu das Umrunden einer Pylone und der Elefantentrick passend. Kreisbewegungen lockern gemeinsame Führpassagen auf und erhöhen die Konzentration Ihres Hundes. Dabei sollte sein Fokus bei Ihnen sein, da Sie die Kreisbewegung einläuten.

Bodenarbeit: Grundlegende Übungen und Aufbauten

Die folgenden grundlegenden Aufbauten haben alle unterschiedliche Schwerpunkte, können dann aber miteinander kombiniert und vielfältig genutzt werden. Seien Sie kreativ und lassen Sie sich von diesen Vorschlägen zu neuen, eigenen Ideen inspirieren.

Die Begrenzung durch die Gasse hat vielfältige Effekte, hier stärkt sie – verbunden mit Frauchens Lob – eindeutig das Selbstbewusstsein von Snoopy.

Gasse

Die Gasse, also ein Freiraum, eingerahmt durch eine Begrenzungsstange links und rechts, kann als der grundlegendste Aufbau im Bodenarbeitstraining gesehen werden. Dabei soll die Begrenzung Halt geben, aber nicht einengen. Wichtig gerade für unerfahrene Hunde ist, dass die Begrenzungsstangen immer als Begrenzung genutzt werden und nicht zum Beispiel zum Übertreten wie die Cavalettistangen. Übertritt ein Hund zufällig eine Begrenzungsstange, ist das natürlich unproblematisch, nur sollten Sie die Begrenzungsstangen nicht für ein Übertreten nutzen oder Ihren Hund hierfür belohnen.

Die Gasse bietet sich an für:

- Üben und Festigen der Führpositionen inkl. Anhalten und Angehen
- Bekanntmachen mit neuen Untergründen
- Bekanntmachen mit Hindernissen zum Erklimmen
- Stärken des Selbstbewusstseins für unsichere oder junge Hunde
- Einführen erster Ablenkung außerhalb der Gasse
- Das Mitlaufen des Menschen innen oder außen

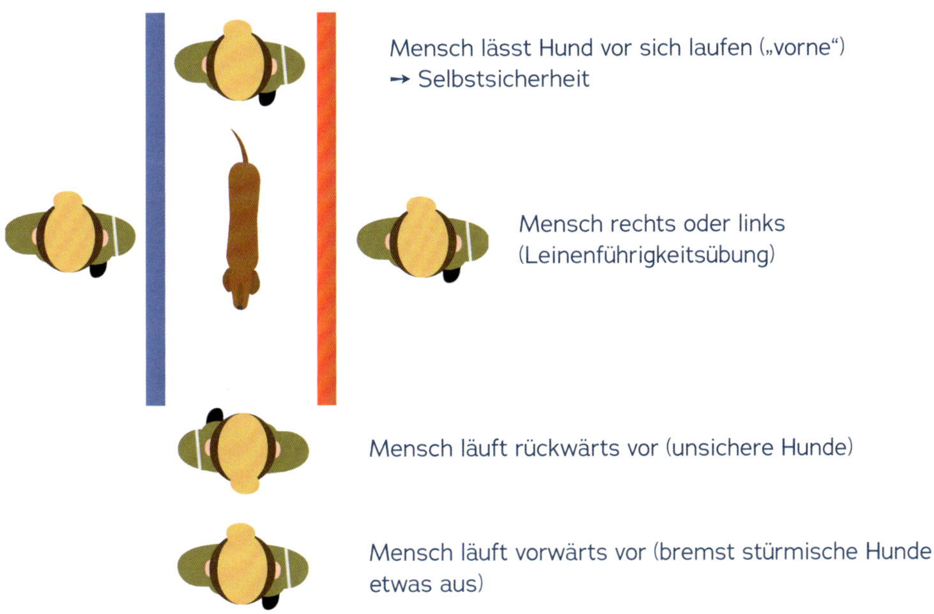

Sensiblen Hunden fällt es, gestärkt durch die seitliche Gasse, oft leichter, sich mit unbekannten Untergründen vertraut zu machen.

Nach außen orientierten Hunden hilft die Gasse oftmals, sich auf das Wesentliche zu konzentrieren.

Offenes V

Das offene V ist im Prinzip nur eine Abwandlung der Gasse. Mit einem breiteren „Einstieg" mündet das offene V in einen schmaleren Ausgang und kann als eine Art Trichter gesehen werden. Das offene V fokussiert die Konzentration von Mensch und Hund zum Ende hin. Dort kann dann ideal Neues präsentiert oder Gelerntes abgefragt werden. Auch eignet es sich für Hunde, die sich ihrer Führposition noch nicht so sicher sind und sich dann selbstständig einsortieren können.

Die Gasse bietet sich an für:

- Präsentation von neuen Untergründen am Ende, wobei hier die Möglichkeit gegeben ist, dann seitlich auszuweichen, was dem Hund Entscheidungsfreiheit gibt und für sehr unsichere Hunde hilfreich ist.

- Finden des idealen Führabstandes zum Hund, wenn der Mensch außerhalb läuft

- Einsortieren des Hundes, wenn der Mensch innerhalb läuft

- Fokussierung von aufgedrehten Hunden auf die gemeinsame Arbeit

In dieser Fotoreihe ist sehr schön zu erkennen, wie Lissy sich an der Begrenzungsstange orientiert.

Das Einführen eines unbekannten Objektes am Ende des offenen Vs erleichtert es den Hunden, sich hierauf einzulassen.

Zwei unbekannte Objekte am Ende des offenen Vs.

Hier sieht man Lissy deutlich die Anspannung an. Hier ist das offene V ideal, denn Lissy kann jederzeit nach vorne aus der Situation gehen, was optisch durch die fehlende Begrenzung unterstrichen wird.

Dreiecke

Dreiecke aus Cavalettistangen können Sie einzeln nutzen oder mit weiteren Dreiecken kombinieren. Durch die unterschiedlichen Abstände muss sich Ihr Hund sehr gut koordinieren. Zudem sollten Sie ihn mit dem Fokus „unten" in diesen Übungsaufbau schicken. Somit sind Dreiecke sehr gute Ausgleichsübungen für Bodenarbeitsaufgaben, die führpositionslastig sind, das heißt in denen Ihr Hund Sie häufiger ansieht, denn beim Nach-unten-Schauen entspannt sich sein Hals-Nacken-Schulterbereich wieder etwas. Mit der Dreiecksübung können Sie auch aufgedrehte Hund sehr gut wieder „einfangen".

Das Dreieck bietet sich an für

- koordinativ und kommunikativ anspruchsvolle Zusammenarbeitsübungen
- den Einsatz nach Führübungen mit Fokus zu Ihnen
- die Kombination mit spannenden Untergründen
- das Fokussieren auf die Mitarbeit nach ablenkungsintensiven Übungen

Die unterschiedlichen Abstände je nach Ort des Übertretens und die Variationsmöglichkeiten machen das Dreieck zu einer spannenden Bodenarbeitsübung.

Umrunden einer Pylone mit Cavalettistangen

Das Umrunden einer Pylone mit Cavalettistangen ist eine Übung für fortgeschrittene Hunde, die bereits firm im Umrunden einer Pylone (siehe Seite 31) sind. Es erfordert höchste Konzentration und Koordination und sollte langsam ausgeführt werden.

Das Umrunden einer Pylone mit Cavalettistangen eignet sich

- als koordinative Herausforderung für erfahrene Hunde
- zum Aufpeppen einer Wendung im Stangen – L
- zur mehrmaligen Wiederholung, um die Flexion der Wirbelsäule zu intensivieren

Wichtig ist, dass Sie das Leckerchen ablegen, damit der Fokus Ihres Hundes auf den Boden gerichtet bleibt und er sich nicht an Ihrer Hand orientiert.

Die Cavalettistangen sollten immer gegen Wegrollen gesichert sein.

Slalom um Pylonen

Der Slalom um Pylonen ist eine tolle Übung, die die gemeinsame Kommunikation zwischen Mensch und Hund fördert und koordinativ nicht anspruchsvoll ist, also auch von Anfängerhunden umgesetzt werden kann.

Größe und Erfahrung des Hundes bestimmen die Abstände zwischen den Pylonen.

Aus einer Ablenkungssituation kann Snoopy mithilfe des Signals „Fokus nach unten" wieder in die Arbeit im Slalom gebracht werden.

Der Slalom um Pylonen

- eignet sich besonders als Einstiegsübung in die Bodenarbeit
- kann Hunden, die sich leicht ablenken lassen, eine lösbare Aufgabe geben, die sie sich besser fokussieren lehrt
- kann in unterschiedlichen Führpositionen geübt werden
- kann ggf. seitlich durch eine Begrenzungsstange zu einer Ablenkung hin abgeschirmt werden

Elefantentrick

Der Elefantentrick ist ideal, um das Körperbewusstsein für die Hinterhand und die Koordination derselben zu stärken. Im gemeinsamen Geführtwerden erleichtert er die Wendungen und dient als Basis für das Seitwärtsgehen.

Übungsschritte:

1. Halten Sie eine Erhöhung, z. B. einen Hocker oder eine Futterschüssel aus Gummi bereit.

2. Stellen Sie den Hocker erst auf den Boden, wenn Sie sich schon mit Clicker und Leckerli bewaffnet haben. Clicken Sie jegliches Interesse an diesem neuen Objekt und Ihr Hund wird recht zügig versuchen, seine Pfoten auf den Hocker zu stellen. Diesen Moment belohnen Sie großzügig, Ihr Hund verbleibt dabei auf dem Hocker. Sollte Ihr Hund nicht mit den Pfoten auf den Hocker stehen möchten, prüfen Sie, ob er wackelt und helfen Sie Ihrem Hund ggf. mit dem Handtarget.

Hier wird Harley toll in Verlängerung seiner Wirbelsäule belohnt.

3. Begeben Sie sich direkt vor Ihren Hund, der sich noch mit seinen Vorderpfoten auf dem Hocker befindet und bieten Sie ihm den Handtarget auf Schnauzenhöhe mittig Ihres Körpers an. Wiederholen Sie dies mindestens fünf Mal.

4. Jetzt können Sie anfangen, sich langsam um den Hocker herum im Kreis zu bewegen. Zunächst nur minimal, sodass Ihr Hund nur den Kopf zur Seite recken muss. Dies clicken und belohnen Sie.

5. Nun bewegen Sie sich etwas weiter von Ihrem Hund weg, allerdings in der gleichen Richtung wie zuvor. Halten Sie den Handtarget mittig vor Ihren Körper. Ihr Hund muss sich nun aktiv etwas drehen. Dabei ist es wichtig, dass Sie die Bewegung der Hinterhand clicken. Schauen Sie dazu am besten auf den Hintern Ihres Hundes. Sobald sich dieser seitwärts bewegt, clicken und belohnen Sie Ihren Hund. Ihr Hund sollte nun wieder gerade ausgerichtet vor Ihnen stehen. Wiederholen Sie dies häufig.

6. Klappt diese Übung in eine Richtung, machen Sie sich nun direkt an die andere Seite und gehen Sie analog zu Punkt 3.) und 4.) vor.

7. Macht es Ihrem Hund keine Mühe, Ihnen in beide Richtungen zu folgen, belohnen Sie jetzt erst nach zwei oder mehr Schritten. Variieren Sie Richtung und Belohnungsrate.

Gehen Sie kleinschrittig vor und belohnen Sie im wahrsten Sinne des Wortes jeden noch so kleinen Schritt.

Seitwärtsgehen

Das Seitwärtsgehen ist eine ideale Übung zur Gymnastizierung und erfordert viel Koordination von Ihrem Hund.

Übungsschritte:

1. Frischen Sie den Elefantentrick auf.

2. Folgt Ihr Hund Ihnen flüssig mehrere Schritte in beide Richtungen, wird es Zeit, das Wortsignal für das Seitwärtsgehen einzuführen. Idealerweise wählen Sie zwei Wortsignale, eines für seitwärts nach rechts und eines für seitwärts nach links. Sagen Sie Ihr Wunschsignal für eine Seite, bevor Sie sich bewegen. Erst dann starten Sie die Bewegung und belohnen Ihren Hund für das Nachfolgen. So wird er schrittweise das Signal mit der Bewegung verknüpfen und Ihnen bald vorgreifen.

3. Jetzt wird es interessant: Übertragen Sie das Signal und die Übung auf einen Übungsaufbau ohne Hilfsmittel. Konkret bedeutet dies: Sie fragen zunächst die Übung wie gewohnt mit Hocker ab, lassen diesen dann zügig verschwinden und stellen sich wieder vor Ihren Hund, als ob der Hocker noch da wäre. Fragen Sie jetzt Ihre beiden Signale ab, indem Sie sich – wie mit Hocker – stückchenweise drehen. Belohnen Sie Ihren Hund hierbei kleinschrittig, denn Sie haben die Schwierigkeit erhöht, indem Sie ihm ein Hilfsmittel entzogen haben. Scheint Ihr Hund Schwierigkeiten mit diesem direkten Übergang zu haben, bedienen Sie sich eines flacheren Gegenstandes, den Sie bis auf ein Mousepad reduzieren und gehen Sie wieder einen Schritt im Übungsaufbau zurück.

4. Ist Ihr Hund so weit, dass er sich mit Ihnen mitdreht, egal in welche Richtung und wie weit, können Sie jetzt mit der tatsächlichen Seitwärtsbewegung beginnen. Erst jetzt ist Ihr Hund sich nämlich der vollen Funktionstüchtigkeit seines Hinterteils bewusst .

Hier sieht man, wie der Elefantentrick für Wendungen bzw. ein seitliches Ranrutschen genutzt werden kann.

5. Entscheiden Sie sich zunächst für eine Richtung und beginnen Sie den Trick wie zuvor. Anstatt sich im Kreis zu drehen, bewegen Sie sich jedoch minimal seitlich. Helfen Sie Ihrem Hund im Zweifelsfall mit dem Handtarget, er dürfte eigentlich aber verstanden haben, um was es geht. Clicken und belohnen Sie hierbei wieder seine Hinterhandbewegung und freuen sich riesig mit ihm, wenn er das Konzept verstanden hat.

6. Testen Sie nun mehrere, auch größere Schritte sowie die andere Richtung. Fertig!

Gerades Rückwärtsgehen

Bevor Sie ein gemeinsames Rückwärtsgehen mit Ihrem Hund umsetzen können, sollte dieser zunächst einmal den Bewegungsablauf unabhängig von Ihnen kennenlernen.

Übungsschritte:

1. Organisieren Sie sich eine Matte, die als Bodentarget fungiert und einen Stuhl.
2. Platzieren Sie die Matte vor Ihrem Stuhl, und zwar so, dass der Abstand in etwa der Körperlänge Ihres Hundes entspricht. Ihr Hund sollte, wenn er direkt vor Ihnen stehen würde, automatisch mit seinen Hinterpfoten auf der Matte stehen.
3. Holen Sie nun Ihren Hund dazu, setzen sich auf den Stuhl und locken Ihren Hund direkt vor sich. Justieren Sie ggf. die Matte nach.
4. Jetzt deponieren Sie ein Leckerchen unter dem Stuhl, und zwar so, dass Ihr Hund mit beiden Hinterpfoten von der Matte gehen muss, daranzukommen. Alternativ können Sie im Stehen arbeiten und das Leckerli zwischen Ihre geöffneten Beine legen. Jetzt wird es spannend:
5. Halten Sie Clicker und Leckerchen bereit und passen Sie den Moment ab, in dem sich Ihr Hund wieder rückwärts aus seiner Position begibt und somit automatisch auf die Matte treten „muss".
6. Füttern Sie Ihren Hund, während seine Hinterpfoten auf der Matte stehen.
7. Wiederholen Sie diesen Ablauf mindestens zehn Mal.

Wählt Ihr Hund den Weg nach vorne, haben Sie vermutlich das Leckerli zu weit vorn deponiert. Abhilfe können Sie dadurch schaffen, dass Sie den vorderen oder seitlichen Ausweg blockieren, z. B. mit Begrenzungsstangen.

8. Verändern Sie jetzt die Entfernung des Stuhles von der Matte. Wichtig: die Matte bleibt als Ziel für den Hund immer am gleichen Ort! Gehen Sie kleinschrittig vor, sodass Ihr Hund zunächst nur einen kleinen Schritt mehr machen muss. Clicken und belohnen Sie das Erreichen der Matte und füttern Sie Ihren Hund ausschließlich dort, auch wenn das im weiteren Verlauf bedeutet, dass Sie aufstehen müssen.

9. Haben Sie sich mindestens eine Körperlänge von Ihrem Hund entfernt und er sucht dennoch zielstrebig und flüssig die Matte auf, können Sie damit beginnen, ein Wortsignal einzubauen.

10. Vergrößern Sie den Abstand immer mehr und bereiten das Ausschleichen des Stuhles vor, indem Sie sich immer mehr auf dessen Kante setzen, um irgendwann aufzustehen.

11. Irritiert dies Ihren Hund nicht, können Sie nach zwei bis drei Wiederholungen mit Targetmatte dazu übergehen, die Targetmatte für ein bis zwei Versuche wegzunehmen, um Sie dann wieder hinzulegen. So arbeiten Sie sich langsam dazu vor, dass Ihr Hund ohne Hilfe selbständig rückwärts geht.

Schiefes Rückwärtsgehen

Neigt Ihr Hund dazu, schief rückwärts zu laufen, können Sie dem durch entlang des Laufwegs gelegte Stangen vorbeugen. Clicken Sie zudem konsequent nur dann, wenn beide Hinterpfoten auf der Matte stehen. Belohnen Sie außerdem nicht immer aus der einen Hand, sondern benutzen beide Hände zur Leckerligabe auf der Matte, um einseitiger Erwartungshaltung vorzubeugen. Ein schräges Rückwärtslaufen kann viele Gründe haben: vielleicht hat Ihr Hund nur eine Lieblingsseite, wie wir beispielsweise ein Lieblingsbein beim Absprung haben. Es kann aber auch auf einseitig stärker bzw. schwächer ausgeprägte Muskeln zurückzuführen sein. Prüfen Sie also in Ihrem sonstigen Training, ob Sie Ihrem Hund viele Übungen abverlangen, die seine Muskulatur einseitig belasten und wirken Sie dem entgegen, indem Sie in Zukunft beide Seiten trainieren. Prüfen Sie weiterhin, ob Ihr Hund unter Verspannungen oder Problemen des Bewegungsapparates leidet.

In dieser Fotoreihe sieht man, dass Ally die Futterhand fokussiert und zwar schön rückwärts läuft, dabei aber den Kopf hochhält und den Rücken durchdrückt. Deshalb wäre eine Positionierung des Leckerlis auf dem Boden idealer.

Unterschiedliche Stationen
im Bodenarbeitstraining

Bodenarbeits-Schwerpunkte

Bodenarbeit mit Hunden ist absolut vielfältig und bietet unzählige Möglichkeiten der Schwerpunktsetzung und Kombination. Die folgende Einteilung in die Bereiche Koordination, Konzentration und Kommunikation (hier insbesondere in Bezug auf die Leinenführigkeit) ist nur exemplarisch zur besseren Übersicht gedacht. Selbstverständlich sind die Übergänge fließend und die Übungen aus den unterschiedlichen Bereichen können auch unter einem anderen Aspekt trainiert werden. Sollten Sie und Ihr Hund keinerlei Erfahrung im Bereich Bodenarbeit haben, ist es sinnvoll, sich zunächst Übungen aus dem Bereich Koordination auszusuchen, dann zum Bereich Konzentration zu wechseln und schlussendlich die Kommunikationsübungen zu trainieren.

Viel Spaß beim Kombinieren und Kreativsein!

Schwerpunkt Koordination

Die Bodenarbeits-Übungen mit dem Schwerpunkt Koordination sollen hauptsächlich dazu dienen, die koordinativen Fähigkeiten Ihres Hundes besser zu schulen. Hierzu gehört natürlich auch der Aspekt der Körperwahrnehmung. Grundsätzlich wird und soll bei diesen Übungen der Fokus Ihres Hundes auf die entsprechende Aufgabe direkt vor ihm gelegt werden. Ein selbstständiges, langsames Arbeiten, auch unabhängig vom Hundehalter, ist gewollt.

Dreieck und Pylonen

Die Kombination von Stangendreiecken und Pylonen ist eine ideale Koordinationsaufgabe.

Beispielsweise können Sie in die Mitte jeder Stange gegenüberliegend eine Pylone stellen, die umrundet werden soll.

Variieren Sie:

- Umrundungsrichtung rechts oder links
- die Enge, mit der die Pylone umrundet wird
- Ihre Führposition, es eignen sich rechts und links auf Schulterhöhe, „Front" und „Hinten"

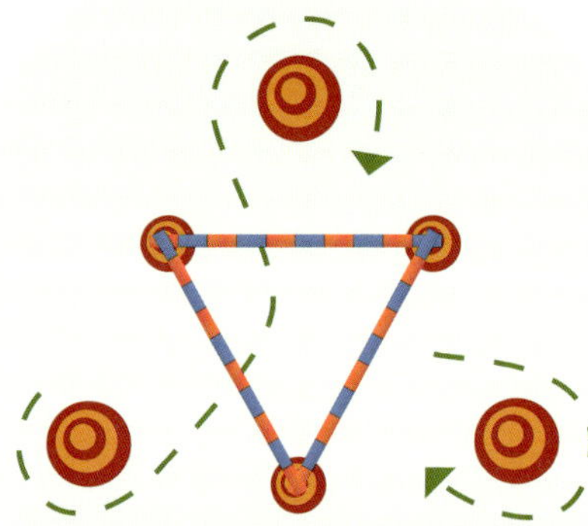

Das Überlaufen eines Stangendreiecks erfordert hohe koordinative Fähigkeiten, denn Ihr Hund muss nicht nur seine Beine bewusst setzen, sondern sich nebenbei auch noch biegen.

Dreiecke und Pylonenslalom

Diese Kombination aus Dreiecken und Pylonen ist für fortgeschrittenere Hunde gedacht. Die einzelnen Elemente erfordern eine längere Konzentrationsleistung.

Variieren Sie hier:

- Ihre Führposition, es eignen sich rechts und links auf Schulterhöhe, „Front" und „Hinten"
- Ob Sie gemeinsam den Slalom laufen oder nur Ihr Hund

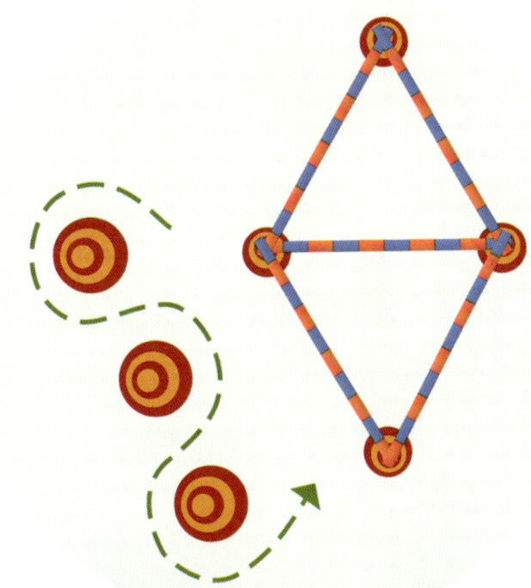

Grafische Formen

Dieser Aufbau erlaubt vielfältige Anwendungsmöglichkeiten und Sie können die einzelnen Stationen wie im Zirkeltraining abarbeiten.

- Begehen Sie den Aufbau links- oder rechtsherum

  - Gasse:
    - » Bauen Sie einen Stopp ein
    - » Beschreiben Sie eine Volte um die Gasse
    - » Verändern Sie vorab und hinterher Ihre Führposition
    - » Legen Sie Sensorikmatten aus

  - Dreieck:
    - » Laufen Sie das Dreieck mehrfach aus unterschiedlichen Richtungen an
    - » Ändern Sie Ihre Führpositionen

  - Slalom:
    - » Bauen Sie den Slalom einfach oder mehrfach ein
    - » Ergänzen Sie Cavalettistangen
    - » Umrunden Sie einzelne Pylonen mehrfach

  - Cavalettistangen:
    - » Ändern Sie Ihre Führposition
    - » Arbeiten Sie die Cavaletti seitlich ab

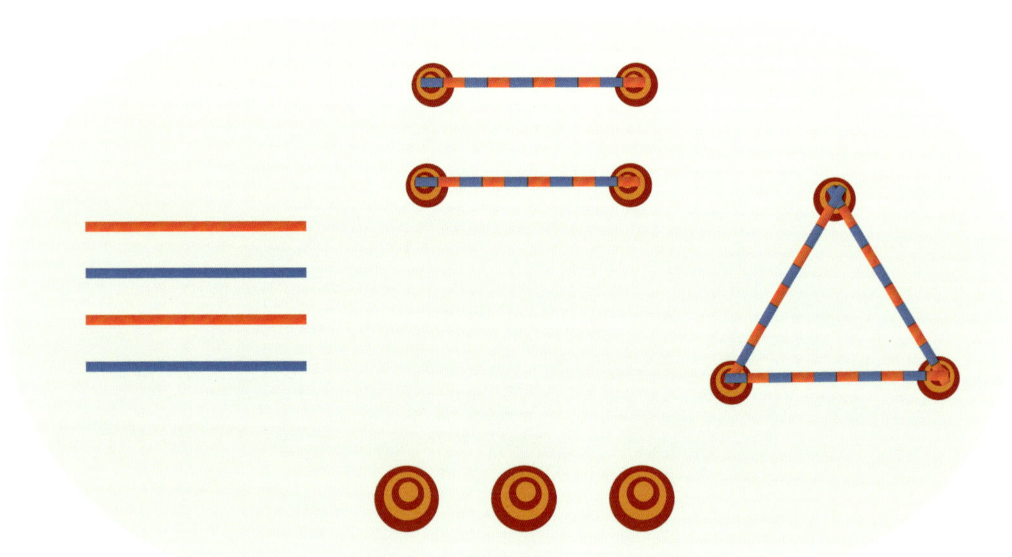

Diamant

Der Diamant besteht aus zwei übereinander gelagerten, offenen Dreiecken. Dadurch öffnet er Laufwege und begrenzt andere. Diese Bodenarbeitsübung ist koordinativ sehr anstrengend für Ihren Hund.

Hier können Sie:

- einmal zuerst das innere und dann das äußere Dreieck ablaufen
- große Volten um die äußeren Stangen ziehen
- sich mithilfe des Seitwärtsgehens und des Elefantentricks von Stange zu Stange vorarbeiten
- unterschiedliche Führpositionen ausprobieren

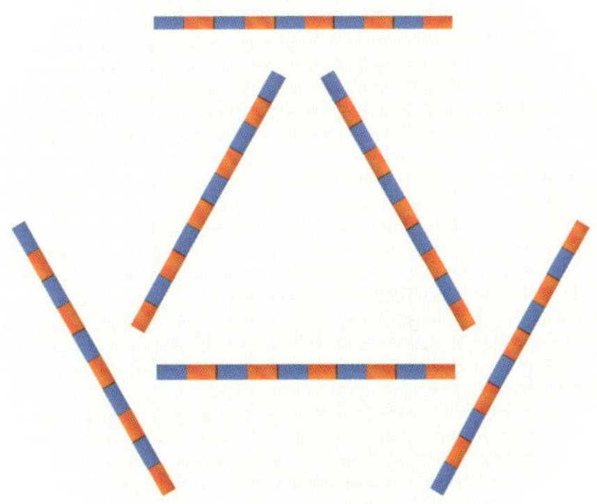

Schwerpunkt Konzentration

Der Schwerpunkt Konzentration arbeitet mit vielen Abbiegungen und Führseitenwechseln, um so die Übungen besonders abwechslungsreich zu gestalten und es Hunden, die Schwierigkeiten damit haben, sich zu konzentrieren, einfacher zu machen, bei der Stange zu bleiben. Stück für Stück kommen dann Ablenkungen hinzu.

Seitwärts-Cavaletti

Das seitliche Übertreten von Cavalettistangen ist koordinativ sehr anspruchsvoll und eine Bodenarbeitsübung für fortgeschrittenere Teams. Alternativ können Sie hier

- die Stangen einzeln übertreten lassen in Vor- oder Rückwärtsgang, also im 90-Grad-Winkel zur Legerichtung
- die Stangen auch als Begrenzung nutzen und Ihren Hund durch die sehr engen Gassen führen (nur für sehr fortgeschrittene Hunde)

Fokus auf Frauchen und seitliches Übertreten der Cavaletti ist enorm anspruchsvoll.

Das „L“

Das „L“ ist eine klassische Übung aus der Bodenarbeit. Legen Sie das „L“ so breit, dass sowohl Sie als auch Ihr Hund bequem Platz darin haben. Um die Konzentration Ihres Hundes zu fördern, können Sie hier

- vorab einen Stopp einlegen
- vor dem Abbiegen einen Seitenwechsel machen
- zunächst mit Ihrem Hund auf Schulterhöhe mitlaufen und ihn dann in der Biegung seitlich nachrücken lassen
- am Ende nochmals stoppen

Die Konzentration aus dem „L“ wird hier direkt mitgenommen, um auf Erhöhungen zu steigen.

Labyrinth

Das Labyrinth besteht im Prinzip aus mehreren zusammengesetzten „L"s. Insbesondere für sehr unsichere oder hibbelige Hunde hat sich das Labyrinth bewährt, da durch die Begrenzungen und den sich wiederholenden Ablauf viel Ruhe entsteht.

Hier können Sie

- viel mit Anhalten und Angehen arbeiten
- unterschiedliche Böden und Hindernisse einbauen
- je Durchgang die Führposition wechseln, prädestiniert ist hier auch das „Voran"

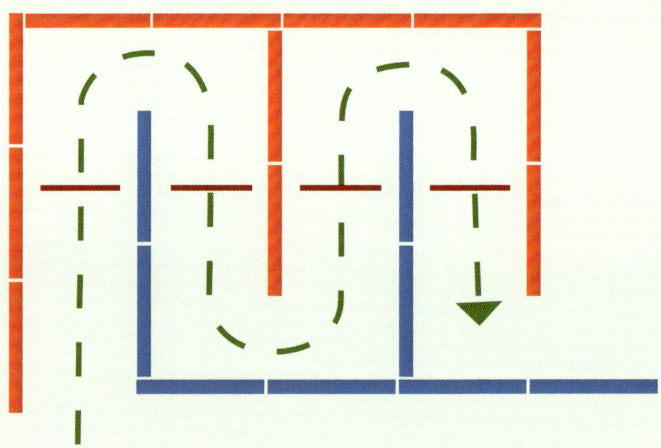

Mehrere Gassen

Mithilfe mehrerer Gassen können Sie wunderbar das gemeinsame Gehen üben. Insbesondere aufgeregte Hunde kommen durch das Begehen der Gassen besser zur Ruhe.

Variieren Sie

- wo Sie anhalten und wieder losgehen
- die Führpositionen
- den Untergrund
- die Hindernisse, hier können Sie auch ideal Cavalettistangen einbauen.

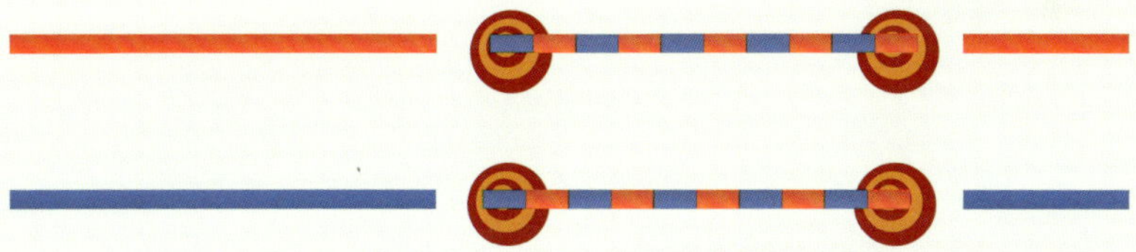

Zu Beginn dieser Übung ist Cooper recht flott unterwegs ...

Die Konzentration halten, obwohl die Begrenzung entfällt.

... welcher schon deutlich langsamer und bewusster stattfindet.

Vorbereitung zum Sitz beim Anhalten.

„Hab' ich das gut gemacht?"

Konzentration für den Rückweg sammeln …

Am Ende des zweiten Durchganges wirkt Cooper schon wesentlich geerdeter.

Ablenkung

Beim Arbeiten mit Ablenkung können Sie sich wunderbar die Begrenzungsstangen zunutze machen. Die Ablenkung – sei es Futter, ein begehrtes Spielzeug, ein Hundekumpel oder ein anderer Mensch – wird einfach hinter Begrenzungsstangen gesichert. Dies bietet Ihrem Hund schon einmal eine optische Hilfe.

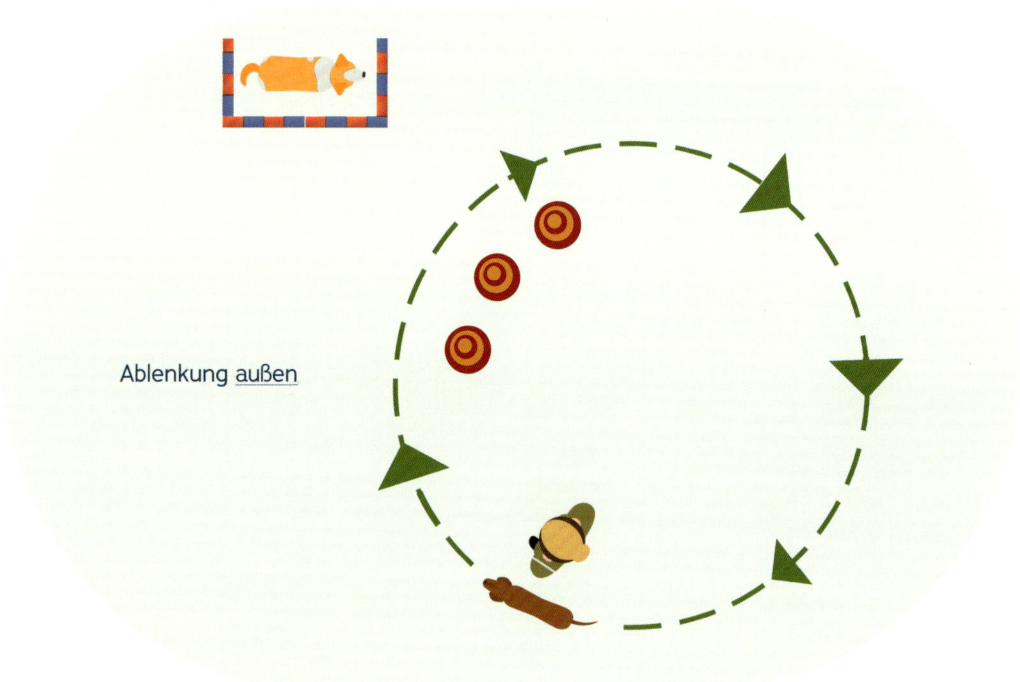

Variieren Sie

- ob die Ablenkung innen oder außen platziert ist
- den Abstand zur Ablenkung, starten Sie sehr weit entfernt
- ob Sie durch Ihre Führposition Ihren Hund von der Ablenkung abschirmen, was bei noch unerfahrenen und unsicheren Hunden zu empfehlen ist, oder bei erfahreneren Hunden Ihren Hund mehr oder weniger direkt an der Ablenkung vorbeilaufen lassen

Hier eine weitere Variante des Ablenkungsspiels. Gehören beide Hunde zum gleichen Besitzer, ist dies besonders schwierig.

Ablenkungsspiel in Freifolge

①

②

Und noch eine Variante des Ablenkungsspiels, dieses Mal mit Fokus auf dem Winkellaufen. Während eines Umbaus der Geräte kann der wartende Hund in seiner Position verbleiben und sollte hierfür belohnt werden.

Schwerpunkt Kommunikation

Bei diesem Bodenarbeits-Schwerpunkt spielt die Zusammenarbeit des Hunde-Mensch-Teams eine zentrale Rolle. Hier geht es darum, gemeinsam Hindernisse zu bewältigen oder ganz klar zu kommunizieren, worauf der Fokus jetzt gelegt werden sollte. So kann unter anderem auch die Leinenführigkeit Ihres Hundes verbessert werden.

Vorab immer: Führposition auffrischen!

Bremsen und Beschleunigen an der Gasse

Die Gasse ist ein wahrer Allrounder. Zur Schulung der gemeinsamen Kommunikation können Sie sie ideal in Kombination mit dem Gehen von Volten nutzen. Dabei findet immer innerhalb der Gasse etwas Spannendes statt, sodass die Aufgabe für Ihren Hund berechenbar bleibt.

Variieren Sie hier

- was in der Gasse stattfindet:
  - ein Stopp
  - ein Tempowechsel
  - das Ausführen eines Tricks
  - ein Richtungswechsel
  - das Begehen eines Hindernisses
- Ihre Laufrichtung um die Gasse herum. Gehen Sie in Volten rechts- oder linksherum, oben, unten oder seitlich von der Gasse
- Ihre Position. Läuft Ihr Hund auf dem Außenkreis, muss er mehr Tempo aufnehmen, möchten Sie ihn eher etwas bremsen, lassen Sie ihn innen laufen.
- die Anzahl der Gassen. Hierdurch können Sie nahezu unendliche Aufgaben kreiieren.

Bremsen…

…und Angehen.

Basisübung:

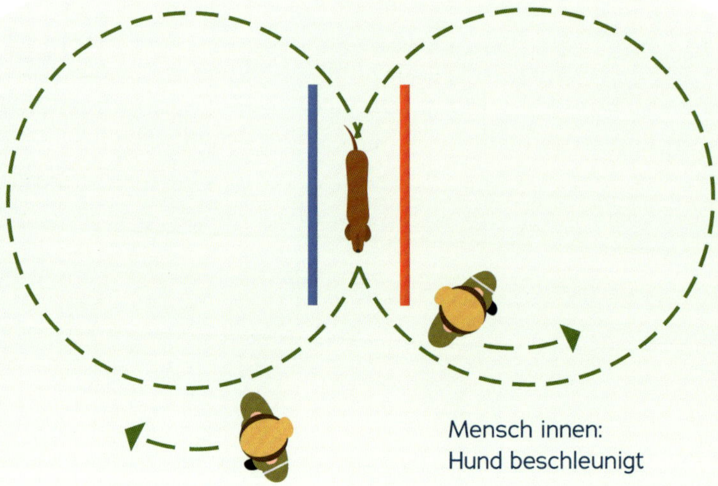

Varianten:

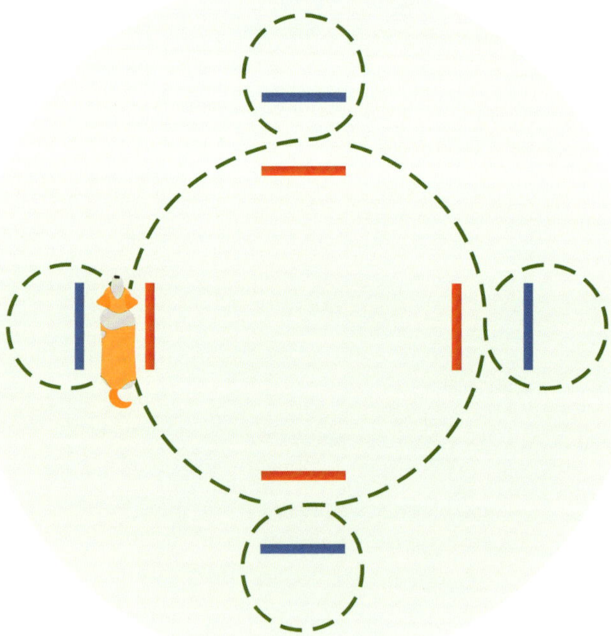

Umrahmte Gasse: Abbiegen

Die Umrahmung einer Bodenarbeitsstation bietet einen zusätzlichen „Schutz" nach außen und hilft Ihrem Hund sehr, sich auf die gemeinsame Arbeit zu konzentrieren. Exemplarisch ist hier die Gasse dargestellt, selbstverständlich können Sie auch andere Stationen umrahmen. Innerhalb der Umrahmungsecken können Sie wunderbar das Mitgehen und Biegen mit Ihrem Hund trainieren.

Hier hilft gegebenenfalls eine in die Ecke gestellte Pylone, die Sie auch mehrmals umrunden können. Alternativ bietet sich der Elefantentrick mit oder ohne Erhöhung an.

Hier können Sie:

- Richtungs- und Seitenwechsel üben
- Biegungen trainieren
- Innerhalb der inneren Bodenarbeitsstation verschiedene Schwerpunkte setzen

Hier wird die Umrahmung zusammen mit einer Pylone genutzt. Im Hintergrund sehen Sie eine offene Umrahmungsecke.

Die Pylone in der Ecke können Sie vielfältig nutzen. So kann sie in beide Richtungen umrundet werden und das entweder vom Hund alleine, indem Sie ihn schicken, oder von Ihnen beiden als gemeinsames Team.

Hier umgehen Sie die Pylone als Team. In dieser Grafik ist der Mensch innen. Genau so gut können Sie beobachten, was passiert, wenn Ihr Hund innen läuft.

Hier schicken Sie Ihren Hund alleine um die Pylone.

Offenes Kreuz: Anhalten, Angehen, Seitenwechsel

Das offene Kreuz ist ähnlich wie das „L“ oder die Gassen zu nutzen und bietet wunderbare Variationsmöglichkeiten.

Spannende Impulse können Sie hier vor allem in der Mitte und an den jeweiligen Eingängen setzen.

So könnten Sie:

- dort anhalten
- Ihr Tempo Wechseln
- die Führposition wechseln
- Hindernisse oder Bodenveränderungen einplanen

Grundsätzlich können Sie:

- das offene Kreuz als Ganzes umkreisen
- die einzelnen Arme umkreisen

Laika folgt Frauchen in der „Front“ Position und wird dadurch etwas ruhiger.

Fokus auf Frauchen im offenen Kreuz

Beispielmöglichkeit zum Offenen Kreuz, S. 179:

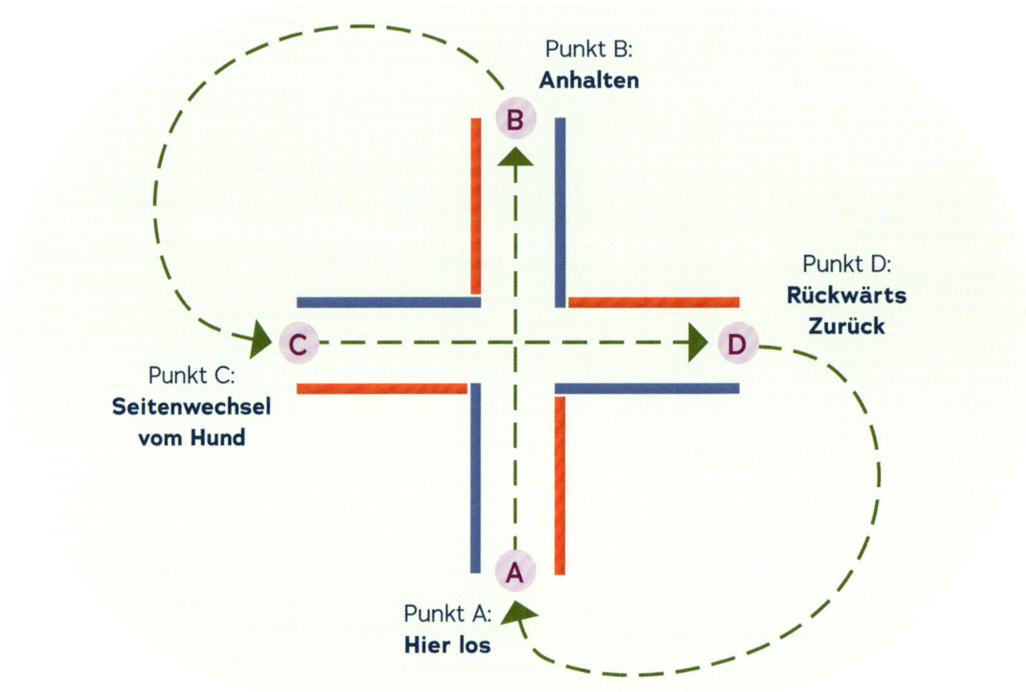

Slalom um Pylonen: Leinenführigkeit

Die Grundübung „Slalomlaufen um Pylonen" an sich ist schon eine tolle Idee, um die Leinenführigkeit zu üben. Begrenzen Sie diesen Slalomaufbau einseitig noch mit einer Begrenzungsstange, schirmen Sie den arbeitenden Hund von möglichen Ablenkungen ab.

In dieser Bilderserie sieht man sehr schön, wie Snoopy in die Kommunikation mit Herrchen einsteigt. Zunächst ist er sehr nach außen orientiert, denn dort arbeiten gerade andere Hunde. Durch die optische Barriere der Begrenzungsstange und die Aufgabe des Slalomlaufens kann er sich dann immer besser auf Herrchen konzentrieren.

①
②
③
④
⑤
⑥
⑦
⑧
⑨

Slalom und Gasse: Leinenführigkeit

Dieser Aufbau eignet sich ideal zum Trainieren der Leinenführigkeit, denn er bietet die Möglichkeit, mal eng, mal weit mit dem Menschen zusammen zu gehen.

Sie können hier

- den Slalom gemeinsam durchlaufen, am Ende der Gasse anhalten und dann die Pylone umrunden
- die Pylone rechts oder links herum, mit dem Hund innen oder außen umrunden
- auf dem Rückweg Stopps während des Slaloms einbauen
- Ihren Hund die Gasse auch rückwärts durchlaufen lassen
- die Führpositionen variieren. So könnten Sie Ihren Hund durch die Gasse voranschicken und ihn dann die Pylone selbstständig umrunden lassen.

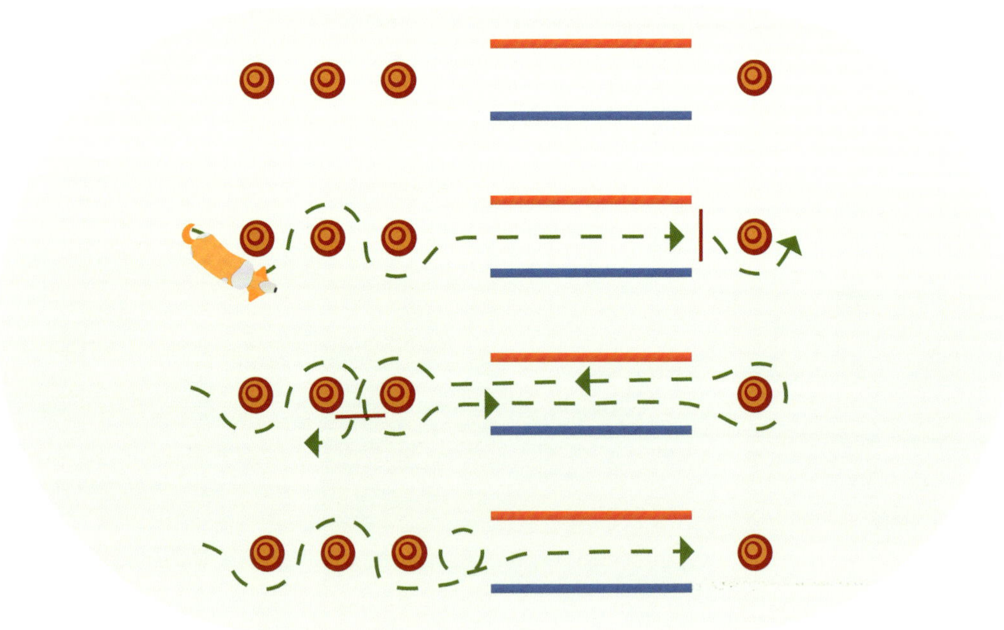

Stangenleiter

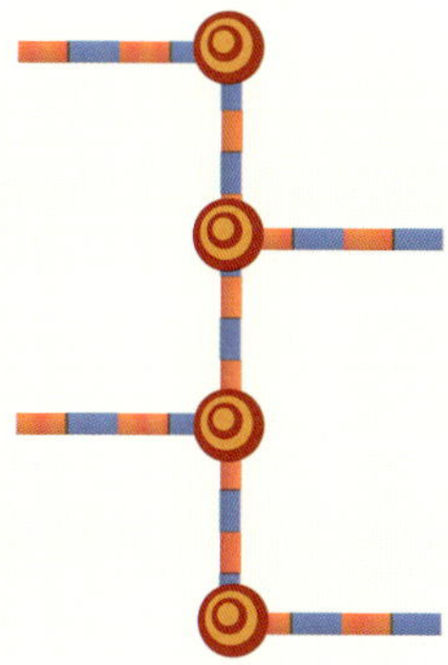

Die Stangenleiter bietet vielfältige Möglichkeiten, die Stangen bewusst zu übertreten oder eben bewusst auch nicht. Welche Stange wann übertreten wird, entscheiden Sie. Dadurch ist hier eine große Kommunikationsleistung von Seiten Ihres Hundes gefragt.

Wunderschöne Kommunikation zwischen Cooper und Laura beim Bewältigen der Stangenleiter.

Hier wird erkennbar, wie eine lockere Leine und Fokus nach unten aussehen können.

Das gemeinsame Überschreiten der Stangenleiter ist Kommunikation und Konzentration pur, denn die Füße bewusst setzen und dennoch Kontakt halten erfordert höchste Anstrengung.

Übersicht Aufbaupläne

Vier Laufwege mit vier Begrenzungsstangen

1 Zirkel

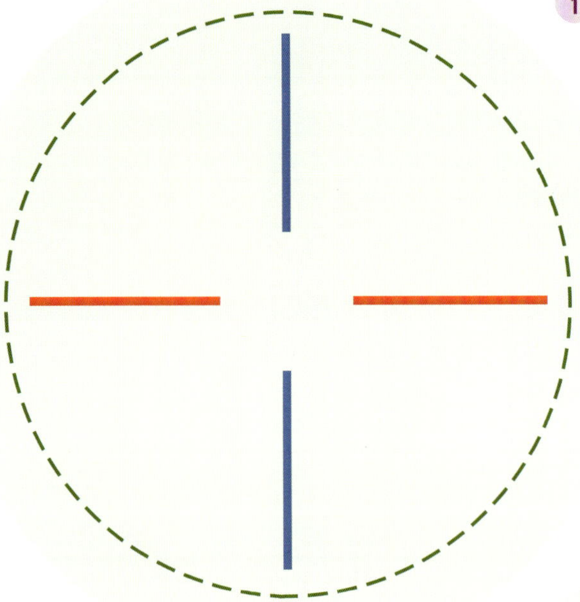

2 Volten

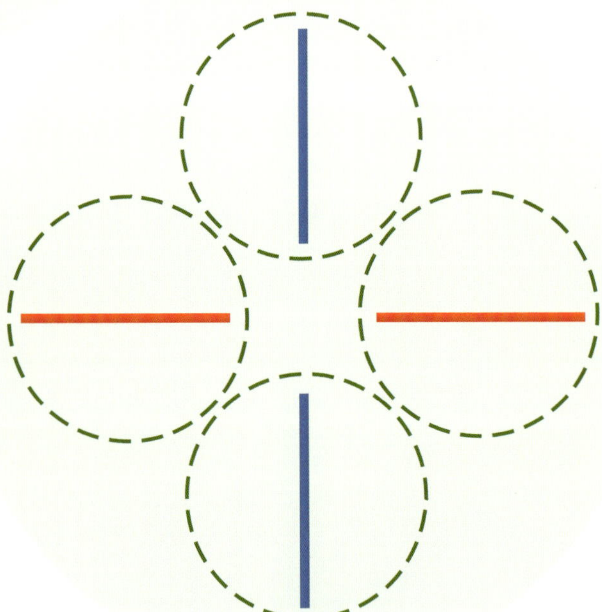

3 Kleeblatt

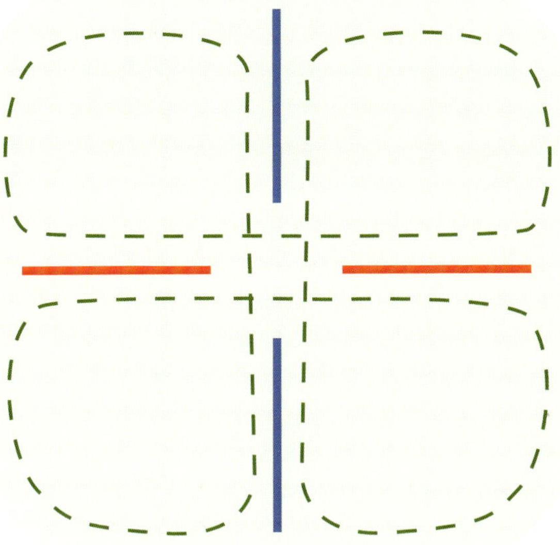

4 Figur 8

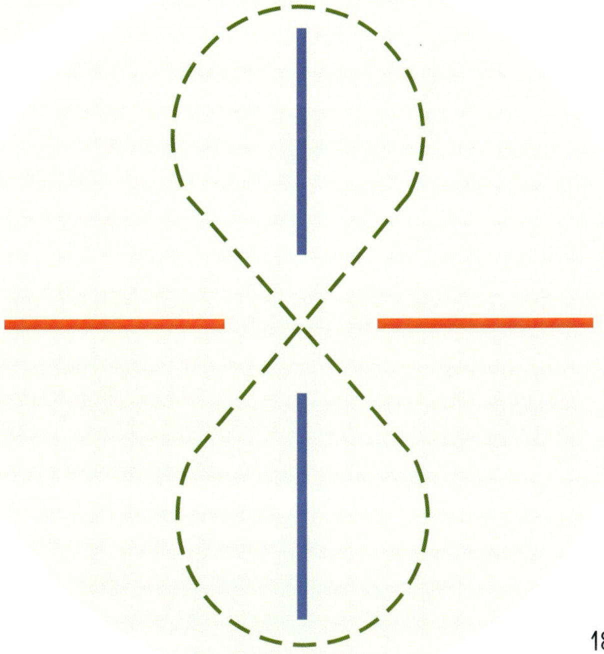

Drei Laufwege mit vier Cavalettistangen

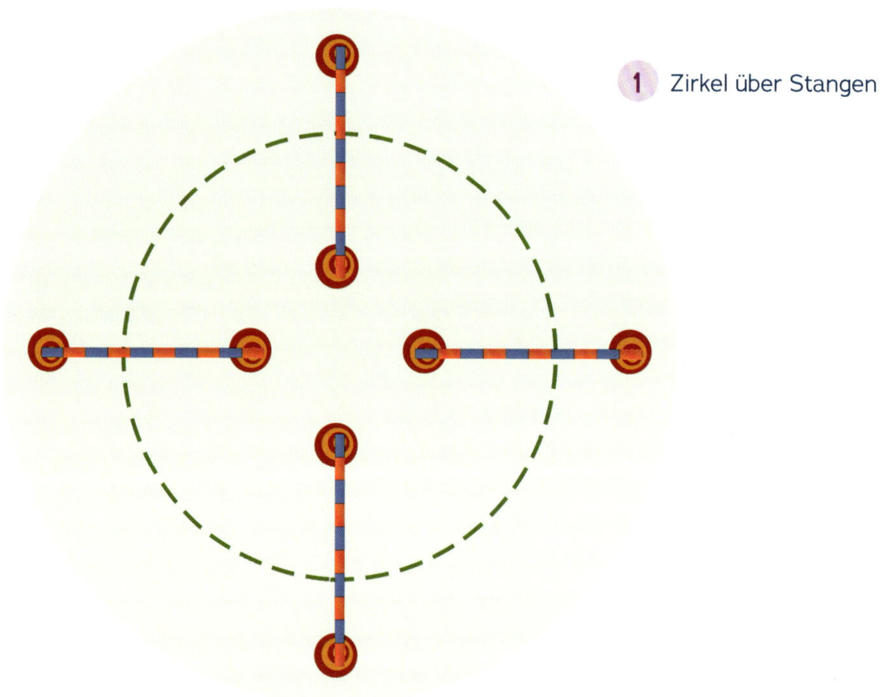

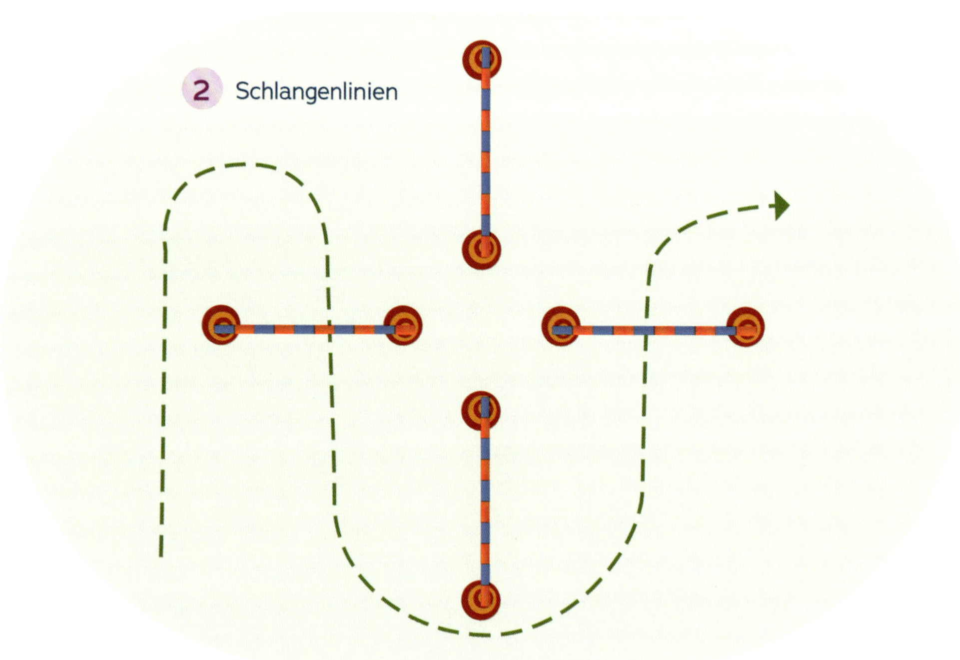

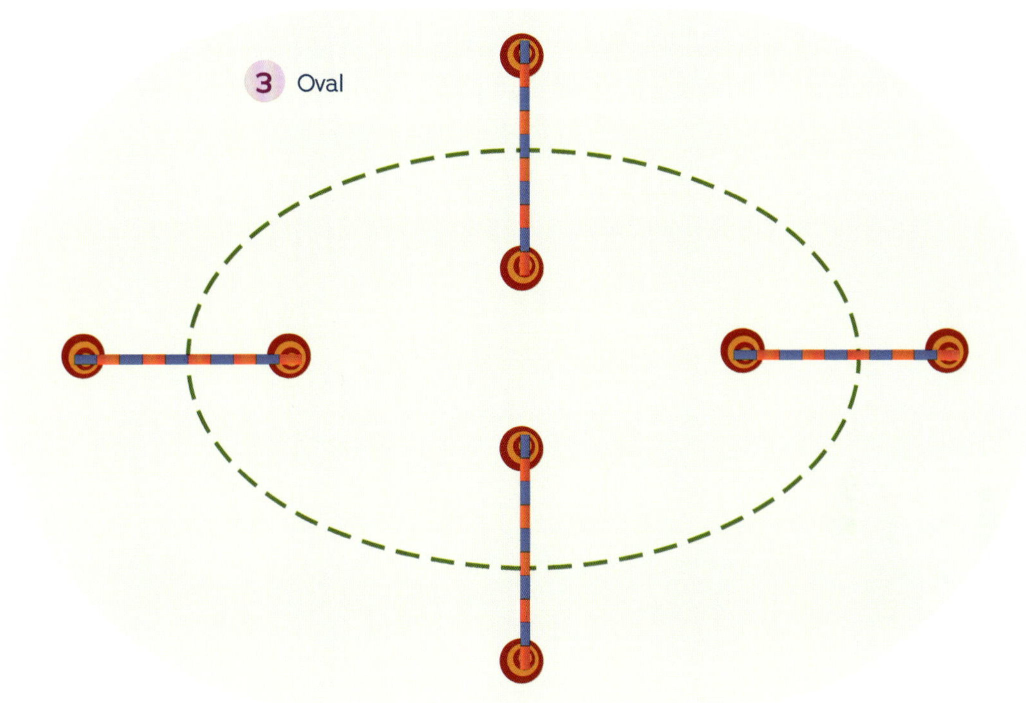
3 Oval

5.

Bodenarbeitskonzepte

Es gibt weitere spannende Bodenarbeitskonzepte, die sich alle vom Schwerpunkt her etwas unterscheiden:

Degility

Beim Degility geht es darum, dass der Hund einen Parkour mit Hindernissen ruhig und konzentriert absolviert, um so Spaß, Vertrauen und Teamgeist zu fördern. Schwerpunkte sind dabei Wahrnehmung, Verfeinerung der Körpersprache in der Hund-Mensch-Beziehung, Bewältigung unterschiedlicher Schwierigkeitsgrade, vielfältige Kombinationen, Gangbildschulung und Selbstvertrauen.
www.degility.de

Hundeyoga

Hundeyoga möchte Eigenwahrnehmung und Konzentrationsfähigkeit Ihres Hundes stärken und ihn bestimmte Körperhaltungen bewusst wahrnehmen lassen, um ihn so auf mentaler, emotionaler und muskulärer Ebene zu fördern.
www.hundeyoga.ch

K3 Dog Parkour

K3 Dog Parkour ist ein mobiles Fitness-, Mental-, und „Mutmach"-Training für Hunde aller Altersklassen mit spannendem Erlebnis-Parkour: die 3Ks Körper, Kognition und Kühnheit stehen im Mittelpunkt.
www.k3dogparkour.chayns.net

Locagility

Locagility vereint Elemente des Longierens, des Cavaletti-Trainings und des Agility und fügt sie zu einer kognitiven und körperlichen Auslastung in 5 Schwierigkeitensstufen zusammen, die das Konfliktlösungspotential des Hundes erhöht und seine Selbstsicherheit stärkt.
www.locagilitycenter-wegberg.de

Minddog

Minddog stellt eine besondere, dialogische Führung im Mensch-Hund-Team dar, die in der Kreisarbeit Orientierung, Körpersprache und den sicheren Umgang mit dem Hund in den Vordergrund stellt.
www.minddog.training

Tellington-Führtraining

Das Tellington-Führtraining ist ein Training für Mensch und Hund, es verbessert die Körperwahrnehmung und die Koordination, schult die Funktionalität und verhilft zu bewussterem Bodenkontakt, wobei die Übungen individuell an das mentale und körperliche Leistungsvermögen angepasst werden.
www.tellington-methode.de/

Anhang

Über die Autorin

Carmen Heritier beschäftigt sich spätestens seit ihren Büchern „Gymnastricks" und „Praxisbuch Hundefitness" mit konzentriertem, kleinschrittigen Arbeiten mit Hunden auf Basis neuester wissenschaftlicher Erkenntnisse. Nach ihrer Clickertrainerausbildung in England bildete sie sich kontinuierlich fort und beendete jüngst die Fortbildung zum Certified Canine Fitness Trainer der Universität Tennessee. Mit dem Studium der Fächer Englisch, Deutsch und Psychologie für das Gymnasiallehramt ist Carmen Heritier Expertin darin, Dinge leicht verständlich und kurzweilig zu erklären. Momentan promoviert sie in einer Kooperation der HundeUni Bern mit der FernUni Hagen zum Thema Tierarztangst bei Hunden. Carmen ist international, live und online als Referentin aktiv und bildet mit ihrem Team Gymnastrickstrainer aus. Sie hat ein Faible für mentale und körperliche Hundefitness, Hundesport, Hundesenioren und Beagles.

Danke

Ich möchte mich herzlich bei allen bedanken, die an diesem Buch mitgewirkt haben. Zuallererst den tollen hündischen und menschlichen „Models" und der Fotografin Susann Nordmann, die diese so wunderbar in Szene gesetzt hat. Ohne euch wäre das Buch sehr farblos, danke! Herzlichen Dank dem VDH Friedrichshafen für die Nutzung seiner tollen Platzanlage und meiner Freundin und Kollegin Sandra Traenkle, KPA-CTP, für ihren Input und den tollen Austausch. Danke an das ganze Kynos-Verlag-Team, das dieses Abenteuer nun zum dritten Mal mit mir bestreitet.

Danke meinen Eltern dafür, dass ihr mich immer unterstützt und mir den unbändigen Glauben mitgegeben habt, alles schaffen zu können, was ich mir erträume. Danke meinem Mann Pierre, meinem größten Kritiker, besten Freund und „Kannst-Du-auf-die-Kinder-Aufpasser-ich-hab-da-ein-Hundeprojekt".

Diese Zeilen schreibe ich, während meine beiden Hundejungs zu meinen Füßen schnarchen und meine beiden Kinder im Schlafzimmer nebenan träumen. Was gibt es Schöneres als das zufriedene Schlafen derer, die man liebt? Dieses Buch ist für euch.

Bezugsadressen

Begrenzungsstangen in unterschiedlichen Farben und Längen

Karas-Pferdewelt
Schwarzbachstraße 18
40822 Mettmann
E-Mail: info@karas-pferdewelt.de
www.karas-pferdewelt.de

Führgeschirre, Körperbandagen, medizinische Bandagen und weiteres Zubehör:

Benecura
Hauptstr. 24
56637 Plaidt
E-Mail: info@benecura.de
www.benecura.de

Sensorikmatten und Fitness-Equipment

Hannis Ballshop
Tiefenweg 9
72574 Bad Urach
E-Mail: info@hannisballshop.de
www.hannisballshop.de

Literatur und Quellen

Geitner, Michael und Schmid, Alexandra *EquiClassic-Work: Bodenarbeit nach Michael Geitner* Müller-Rüschlikon-Verlag, 2021

Katzenberger-Schmelcher, Ruth und Katzenberger, Yvonne
Mehr Körpergefühl für mein Pferd: Ergotherapie im Pferdetraining
Kosmos, 2020

Lyons, Bobbie
Cavalettitraining Seminar
2017

Mayer, Carmen
Gymnastricks
Kynos Verlag, 2013

Nardelli, Denise
Step-Trainingskarten und DVD
Drehpunkt-Verlag

Heritier, Carmen und Rutz, Sandra
Praxisbuch Hundefitness
Kynos Verlag, 2018

Reiland, Britta
Bodenarbeit und Führtraining: So bleibt ihr Pferd gesund
Müller-Rüschlikon-Verlag, 2014

Weitere Bücher, die Sie interessieren könnten:

Carmen Heritier & Sandra Rutz

Praxisbuch Hundefitness

Grundlagen, zielgerichtetes Training und individuelle Übungskombinationen

Das Praxisbuch Hundefitness ist für alle geeignet, die sich tiefergehend mit der Fitness von Hunden beschäftigen möchten, ob Hundehalter, -sportler, -trainer oder Physiotherapeuten. Es bietet zielgerichtetes Hintergrundwissen, um individuelle Trainingspläne auszuarbeiten, die auf die speziellen Bedürfnisse des jeweiligen Hundes angepasst werden.

Die effektiven Übungen, die nach zu trainierenden Körperpartien aufgesplittet sind, werden Schritt für Schritt über positive Verstärkung aufgebaut und bieten dank mehrerer Variationen Input für Anfänger und Profis.
Auch auf Hunde mit speziellen Bedürfnissen, wie Welpen, Senioren oder Hunde mit Handicaps wird hierbei eingegangen. Abgerundet werden die Fitness-Tricks durch Ideen für ein passgenaues Zirkeltraining, das das Training spaßig und abwechslungsreich gestaltet.

Flexicover, 288 Seiten,
durchgehend farbig
ISBN 978-3-95464-162-8